廖恒——著

凡事发生皆有利于我

人民邮电出版社

北京

图书在版编目（CIP）数据

凡事发生皆有利于我 / 廖恒著 . -- 北京：人民邮电出版社，2024.7. -- ISBN 978-7-115-64628-6

I. B84-49

中国国家版本馆 CIP 数据核字第 202413VY47 号

内 容 提 要

面对当下的工作竞争、生活压力，你是否感到焦虑、精神不安？遇到不好的事情时，你是否会伤心、愤怒、不知所措？如何改变这些状况？本书提供了一种很好的处理方法，就是用"凡事发生皆有利于我"的心态对待。

怎样才能做到这一点呢？本书讲做法、讲行动，和你分享了让"凡事发生皆有利于我"的方法。具体而言，本书分为思维篇、行动篇和结果篇。思维篇从根本上分析为什么"凡事发生皆有利于我"；行动篇和你分享如何才能真正做到"凡事发生皆有利于我"，这部分是全书的核心，主要讲述了一个如何让坏事变成好事的 4A 法则：接受事实（Accept）、调整情绪（Adjust）、分析对策（Analyze）、达成行动（Action）；结果篇将会带你来到"凡事发生皆有利于我"的世界，你会发现自己不再感到焦虑和精神内耗，可以主动掌控自己的人生，并且还会有好运一直相伴。

本书非常适合年轻人阅读，它不仅能够提升你的气质，还会让你的生活变得越来越好。

◆ 　著　　　廖　恒

　　责任编辑　张国才

　　责任印制　彭志环

◆ 人民邮电出版社出版发行　　北京市丰台区成寿寺路 11 号

　　邮编 100164　　电子邮件 315@ptpress.com.cn

　　网址 https://www.ptpress.com.cn

涿州市殷润文化传播有限公司印刷

◆ 开本：787×1092　1/32

　　印张：7.125　　　　　　　　　　2024 年 7 月第 1 版

　　字数：100 千字　　　　　　　　2025 年 9 月河北第 9 次印刷

定　价：45.00 元

读者服务热线：（010）81055656　印装质量热线：（010）81055316

反盗版热线：（010）81055315

此书献给正焦虑或
精神内耗的你

如果你现在有一些焦虑，或者有一些精神内耗，那么这本书一定可以帮到你。

（1）一个真实的故事，一个月的惊人改变

当我把这本书的目录发给一个朋友（也算是本书第一个读者）看时，他给我秒回了这样一句话：我很迫切地想看到这本书的成稿。

我这位朋友，他拥有很高的学历、很多人都羡慕的工作；他优秀、自律，专业能力出众，待人接物也非常

得体。和他相处，我总有一种如沐春风的感觉。而每次和他聊天，他说出的每一句话、每一个观点都会让我很有收获。他几乎是很多人眼中的完人。

但是，在我们最近的一次聊天中，他告诉我，其实在很长一段时间内，他都一直被焦虑和精神内耗困扰。

我问他为什么？他说原因其实很简单，焦虑和精神内耗几乎是高度自律的副产品，很多自律的人都很焦虑和精神内耗。就像他自己，做任何事情都很认真，对自己各方面的要求也很高。所以，他总是不由自主地对每一件事、每一个细节都追求完美，对任何事情都追求掌控感。而现实的世界并不是所有事情都真能做到完美，自然也不是所有事情都会按照期待发展。自己的期待和现实不一致，自然也就少不了焦虑和精神内耗。

朋友说，他其实知道自己这样的状态不好，很想改变，但是一直没有特别大的突破，所以也希望我能给他一些帮助。

因为更多时候都是朋友给我帮助，而且他比我年长，也比我成功很多，所以当他提出希望我给他帮助时，我还是有点受宠若惊的。

他看出了我的心理，说："我一直就觉得你是那种似乎永远积极乐观的人，就像一个小太阳，去照耀和温暖身边的人。而且，我也很喜欢和你聊天，因为总是会让我感到身心愉悦，更重要的是你让我自己充满了价值感。"鉴于朋友的这份信任，我稍微定了定神，看着他的眼睛说："如果你相信我，我应该可以帮你摆脱这样的状态，让你的生活过得轻松自在。"

朋友回答："我当然相信你啊，不然我和你说这些干什么呢？"

接着，我告诉朋友，我正在写《凡事发生皆有利于我》这本书，而这本书的作用就是要解决大家的焦虑和精神内耗问题。

朋友听到后很高兴，让我把这本书的内容给他讲一遍。

当然，我照做了。在给他讲的过程中，我能明显地感觉到，坐在我对面的他，坐姿变得越来越舒展，表情也越来越轻松。

为了便于他消化，我就把这本书的目录转发给他，于是就有了前面他回复我的那句话：我很迫切地想看到这本书的成稿。

心态一旦改变，一切就都跟着改变了。后面的故事，也就都顺理成章了。朋友开始相信，"凡事发生皆有利于我"。在工作和生活中，他不再患得患失；在处理一些重要的关系时，他也变得更加自信、游刃有余。他不再感到焦虑和精神内耗，而是勇敢地行动，按照自己的内心所想去做事情；他不再在意别人的看法，也不再在意结果，而是每天都把自己的心力放在扎实的每一步行动上。

短短一个月，用他自己的话说："从未感觉生活如此美好过。"再次见到他时，我真正感受到了改变的力量。那一刻，我也明白了，人生的改变有时候就在一瞬间。或许，这正是我写本书的目的和意义。

（2）董宇辉、马丽、曾仕强、杨幂，他们都相信
"凡事发生皆有利于我"

一个月的时间，焦虑和精神内耗完全消失，对于我这位朋友如此大的变化，你是不是会觉得有点不可思议？

你可能会想："'凡事发生皆有利于我'这句话有这么神奇吗？这不是很早网上就开始流行的一句话吗？董宇辉、马丽、曾仕强、杨幂等很多名人明星都说过这句话或类似的话，很显然他们也相信'凡事发生皆有利于我'。但是，即使这些名人都说了，这句话依然没有治愈我的焦虑和精神内耗啊！"

我知道你现在可能还会有一些怀疑，所以我不得不先引用另一句很流行的话：为什么明白了很多道理，却依然过不好这一生？其实这个问题的答案很简单，那就是我们只知道了这些道理，但并不知道怎么做，才能让这些道理在人生中变为现实。

就像"凡事发生皆有利于我"这句话，你可能听过或读过，也知道这个道理，但你并没有想过自己要怎么做才能真正做到"凡事发生皆有利于我"。所以，当你遇到不好的事情时，你仍然会伤心、愤怒，也仍然不知所措。于是，你开始陷入精神内耗的状态，要么对事情置之不理，要么破罐子破摔，甚至会感情用事，让事情越来越糟糕。

很显然，这不是"凡事发生皆有利于我"这句话错了，而是你在遇到不好的事情时，你的思维和行动都错了。

（3）这不是一本"鸡汤"书，而是一本教你如何行动的书

你手里的这本书，如果你只看书名"凡事发生皆有利于我"，很可能觉得这是一本"鸡汤"书，或者觉得这是一本把道理堆在一起让你相信"凡事发生皆有利于

我"的书。可事实并非如此，因为这是一本和你分享怎么做才能让"凡事发生皆有利于我"的书。所以，这是一本讲做法、讲行动的"干货"书，是可以让你变得越来越好的书。

本书分为思维篇、行动篇和结果篇。

思维篇从根本上分析为什么"凡事发生皆有利于我"。这部分的内容非常重要，你需要知道为什么，才能更好地理解怎么做。这也是我们常说的要知其然，还要知其所以然。

行动篇和你分享如何才能真正做到"凡事发生皆有利于我"。这部分是全书的核心，占到了 80% 的内容。在这部分，大家将会了解一个如何让坏事变成好事的 4A 法则，同时也是 4 个步骤：接受事实（Accept）、调整情绪（Adjust）、分析对策（Analyze）、达成行动（Action）。我希望你翻开书后，一步步地看，一步步地做，真正掌握这个法则，通过自己的努力收获"凡事发生皆有利于我"的人生。

当然，为了让你把 4A 法则的每个步骤掌握到位并运用自如，我都是按照"改变思维、科学行动和拿到结果"这样的结构对每一步进行讲述。改变思维是让头脑先行，让你先从根上理解这一点；科学行动是告诉你如何科学地做事才能达到想要的效果；拿到结果就是让你的改变和行动没有白费，收获想要的结果。

在结果篇，你将会来到"凡事发生皆有利于我"的世界。在这个世界里，大家会发现自己不再感到焦虑，也不再有精神内耗，可以主动掌控自己的人生，并且还会有好运一直相伴。

（4）打开本书，你也能瞬间告别焦虑和精神内耗

看到这里，你肯定也明白了为什么我的朋友能在一个月内告别焦虑和精神内耗，如今变得轻松自在，而且自己生活的方方面面能有如此大的改变。就是因为我不仅给他讲了"凡事发生皆有利于我"这个道理，而且告

诉了他如何做，真正把"凡事发生皆有利于我"变成现实。

在写这个前言时，我又问了这位朋友现在的状态。他表示，按照我说的 4A 法则，把那些表面上看起来不那么好的事情都一一变成了于他而言的好事，现在他的生活中一切都是顺顺利利的，一切都似乎在随着自己的心愿发展。

这样的人生状态，你是不是也很期待和向往呢?

如果是的话，那就开始阅读这本书吧!

不过，最后我还是要提醒大家，在阅读本书时，请一定要发自内心地相信"凡事发生皆有利于我"。因为你相信的，就是你的人生!

廖 恒

2024 年 5 月 11 日于北京

目录

第3章 接受事实

第4章 调整情绪

第5章 分析对策

思维篇

第 1 章

事情的好坏到底由什么决定

——有关"凡事"的三个真谛

有人或许不太相信"凡事发生皆有利于我"这句话，毕竟有些事情就是很明显的"坏事"。例如，我们生病了，或者我们原本能做成的事却没有做成，这些事情的发生怎么会"有利于我"呢?

请你保持开放的心态，不要直接质疑，先跟着我往下看，你会发现原来我们在对"事"的认知上，或许真的有些不一样。

所以，这一章会告诉大家三个原因，让大家在看待"事"时有和原来不一样的视角。当你看完，你就会发现"凡事发生皆有利于我"是无比正确的事实。

凡事往长远看，
人生是一场无限游戏。
凡事皆有两面性，
好坏取决于自己。
凡事都是波浪式发展，
目标都是曲折接近。

凡事往长远看，人生是一场无限游戏

现在，我问你一个问题：你能确定下一秒一定会发生什么吗？

我相信，你的答案大概率是"不能"。因为即使有非常精细的计划，你也无法避免意外发生。在这个世界上，唯一不变的就是变化。明天会发生什么，甚至下一秒会发生什么，我们都无法预料，更无法掌控。

这样来看，世界似乎没有什么真正确定的东西，因为"意外"总是会存在。但对于我们的人生，其实有一件事是可以确定的，那就是作为"人"，我们的生命都将走到终点；只要这个终点一天没到，我们就要继续走下去。换句话说，就是对于"把人生走下去"这个行为，我们没有选择；只要我们的生命在继续，我们就不能因为任何原因而停止。

美国哲学家詹姆斯·卡斯写过一本很有名的著作——《有限和无限的游戏：一个哲学家眼中的竞技世界》。他在书中提到一个非常有意思的理论：世界上至少有两种游戏，一种可称为有限游戏，另一种可称为无限游戏。这个理论非常适用于我们看待人生。那么，有限游戏和无限游戏分别是什么意思呢？

有限游戏是有边界限定的游戏，目的就是为了赢。这种游戏有明确的开始和结束，而且每一次都会产生一个胜利者，一切游戏规则都是为了确定最终的输赢。例如，篮球比赛就是典型的有限游戏，它有确定的开始时间，也有很多比赛规则。两支球队参加比赛，经过整场的角逐，比赛结束之后，一支球队获得胜利，另一支球队则以败北告终。

无限游戏则是没有边界限定，也没有真正输赢的游戏，目的就是让游戏进行下去，过程中的规则和边界都会随着游戏的进行而改变。例如，你和某个朋友之间的交往就是一场无限游戏。因为你们之间的交往不是竞争输赢，而是要保持这份友谊。也许某一次，你们之间闹了矛盾，但可能过一阵又会和好。或者你的心里有些芥蒂，但是两个人的交往并没有结束。

说到这里，你可能会有疑问：如果有一天两个人不再来往，那这个无限游戏不就结束了吗？其实并没有，因为你们之间不存在输赢，很可能哪一天会再相遇，也可能出于某个原因而冰释前嫌，甚至因为你回想起和对方交往的点滴而怀念这份友谊，都是一种继续。所以，有些事情一旦开始，就没办法结束，这就是无限游戏。

其实，我们每个人都会面对一场无限游戏，就是自己的人生。在人生这场无限游戏里，我们不能选择结束，也没有所谓的输赢，更没有边界。我们每天或每时每刻需要做的事情，就是把自己的人生进行下去。

从理论上说，我们的人生要如何进行下去是每个人自己的事情，过得怎样或有什么样的感受，其实和别人无关。看到这里，我希望大家暂时停下来，用 30 秒的时间想一想：如果站在"人生无论如何都要进行下去"的维度来说，其实我们生活中经历的事情并没有什么意义，因为无论好或不好、愿不愿意，都不影响下一秒的到来。

大家想明白了这一点就会发现，面对人生这场无限游戏中发生的事情，我们无须太过在意它的好坏，因为人生终将继续。就像我们经常挂在嘴边的那句话——"日子还是要过下去的",表达的也是这个意思。

现在,你再来看本节的标题——"凡事往长远看,人生是一场无限游戏"。也许你刚开始还不明白,但我相信你现在已经了然于心。当然,你也可能会有另一种感觉:如果自己是这样的态度,是不是显得对人生有些悲观或被动、不积极?

这是一个很好的想法,也是一个好问题。接下来,就请和我一起进入下一个部分,我会告诉你:面对人生的各种事情,尤其是那些不好的事情或麻烦事,我们究竟应该如何处理?又是什么真正决定了一件事的好坏?

凡事皆有两面性，好坏取决于自己

我们先来看一个发生在古代的故事。

从前，在靠近边塞的老百姓中，有一位精通术数的人。他家的马跑到胡人那边去了，大家都来安慰他。这个人说："你们为什么觉得这不是好事呢？"过了几个月，他家的马带着胡人的骏马回来了，大家又过来祝贺他。这个人说："为什么你们觉得这不是祸端呢？"这个人的家里有很多骏马，刚好他的儿子也很喜欢骑马。有一次，他的儿子从马上掉下来，摔断了腿，大家来安慰他。这个人说："为什么你们认为这不是好事呢？"过了一年，胡人大举入侵边塞，身强体壮的男子都去参战。塞上参战的人绝大多数都战死了，就算没有战死，也都身受重伤。唯独这个人的儿子因为摔断腿而没有上战场，他们父子得以保全性命。

讲到这里，大家一定知道了这就是"塞翁失马，焉知非福"的故事，也知道这个故事要告诉我们的道理就是"福可变为祸，祸可变为福"，凡事都有它的两面性。正所谓"福兮祸之所伏，祸兮福之所倚"，其中的变化无法掌控。其实，好与不好是可以互相转换的。同一件事，换个角度，好与不好的性质就会发生改变。也就是说，一件事并没有绝对的好与不好，而是取决于我们如何看待和应对。

这个世界似乎永远逃不掉"二八法则"。其实，我们在处理事情时也完全可以借助这个法则。所谓"二八法则"，就是说当一件事发生后，它对你的影响其实只占 20%，剩下的 80% 则取决于你对它的反应。这和"塞翁失马，焉知非福"是同样的道理。

接下来，我们看一个案例。

有一位妈妈每天都要 7 点起床，洗漱后给孩子准备好早餐，8 点就要出门。因为到公司有 1 个小时的车程。这一天，她和往常一样准备好早餐，还热了一杯牛奶。结果她家的猫跳到桌子上，打翻了牛奶，她只能手忙脚乱地收拾。孩子起床晚，还慢腾腾，加上昨天做作业又磨蹭到很晚，这让她非常生气。于是，她开始数落孩子："早上起不来，晚上就那点作业在那里磨蹭，要是早点起来吃了早餐，不就把牛奶都喝完了！"她的声音很大，丈夫听到后马上跑了过来。

丈夫看到生气的妻子和委屈到马上要哭的孩子，想着自己如果不说点什么，这一天就完了。妻子不仅会迟到，而且一整天都会很憋屈。孩子也会因为早上就被骂而一直难受。于是，他马上跑过去，接过妻子手里的东西，自己来收拾残局，然后说："老婆，你辛苦了。自己要上班，还要给我们做早餐，绝对的中国好妈妈！"他边说边把妻子往门外送，让她赶紧先去上班。看到妻子的脸色还是很难看，他又说道："要开开心心的啊，不然气生得多了，几千块钱一瓶的面霜都白用了。"

这位妻子听到丈夫这么说，脸上有了些笑意，穿好衣服出了门。回过头，他又安慰起孩子。他说："妈妈刚刚是因为牛奶被打翻才说的气话，没事的。妈妈是最爱你的，你看每天的早餐都那么丰盛，快吃吧。"孩子听到爸爸的话，心情也好了很多，吃完饭就去上学了。

英文里有一句谚语，翻译过来就是"不要为打翻的牛奶哭泣"，意思即过去的事情都过去了，伤心、懊恼也没有用。就像上面这个案例，也是打翻了牛奶，妈妈因为心急而把事情推到了一个不好的方向，即将毁掉自己和孩子的一天。幸好这位爸爸是一个情绪稳定、可以把事情处理好的人，他对妻子和孩子都没有指责，而是安抚，并且用行动来收拾残局，没有因为打翻的牛奶而毁了这一天。

　　其实，从这位爸爸的角度来看，如果妻子和孩子这一天都不开心，那么身为这个家庭中的一员，他也不能幸免。这位爸爸的做法不仅帮助了妻子和孩子，也帮助了自己。面对牛奶被打翻这件事，妈妈和爸爸的不同反应会把事情推到两个完全不同的方向，爸爸聪明地把坏事变成了好事。所以，一件事到底是好还是坏，未必由事情本身决定，而是完全取决于处理事情的人。

　　看到这里，你是不是已经有些相信，也许自己真的可以做到"凡事发生皆有利于我"了？因为坏事未必是真正的坏事，只要我们的反应得当，坏事也能变成好事。

不过，这部分说的是我们可以把一件单一的事情由坏变好，但人生中的很多事情并不是单一存在的，而是由很多小事联系在一起的。例如，你所在的球队赢得了某一场篮球比赛的胜利。实际上，你可能从小就开始打篮球，训练了很多年，参加了很多比赛，最后才获得了某一场重要比赛的胜利，有了一个很大的成果。所以，如果我们希望自己的人生过得很好，能够做成想做的事情，不会因为过程中的一些失败和麻烦影响最后的结果，就请和我一起进入下一部分吧。

因为坏事未必
是真正的坏事，
只要我们的反应得当，
坏事也能变成好事。

凡事都是波浪式发展，目标都是曲折接近

现在，请你放下书，停下来回忆一下最近获得的一次成功，或者到目前为止自己认为做得最满意的一件事。取得这次成功或做成这件事的过程是一帆风顺、没有遇到任何阻碍，还是克服很多困难才有了最终成果的呢？在大家思考的同时，我先分享一下自己成为畅销书作者的经历，说说自己在这个过程中都经历了什么。

我在读高三时突然喜欢写作，当时就决定上大学一定要学新闻专业。2002 年高考时，我发挥失常，只考上了一所普通的大学，阴差阳错地学了自己以前完

全没有想过的英语专业。在我们学校，根本没有新闻专业。

虽然当时我选择了英语专业，但是我没有放弃学新闻专业的梦想。我把很多时间都花在了和新闻专业相关的事情上。例如，我会去图书馆阅读新闻专业方面的书，从几十个字的消息稿开始一字一句地模仿着写，一点一滴地让自己成长。就这样，我开始在学校办报刊，自己做记者，也做编辑。在大学毕业前，我拿到了全省的新闻奖，也在很多报纸和杂志发表了文章，像《环球时报》《中国青年报》《读者》《知音》等。

2006 年，我在毕业后来到北京，希望实现自己的新闻理想。我的第一份工作是在一家杂志社做采编。因为我是英语专业毕业的，所以我很快就开始接触国际新闻方面的工作。也是在刚开始工作不久，我成为《环球时报》的特约记者。大约一年后，我进入搜狐公司做国际新闻编辑工作，真正成了新闻人。

之后，我开始希望用内容创作去解决一些问题。于是，2010 年的下半年，我去了一家属于世界 500 强的公司，开始从事公关传播的工作。也许是我的确做到了一些事情，加上处在世界 500 强公司的专业岗位，在 2012 年的时候，有出版社的编辑找到我，希望与我合作出版一本书。于是，我又在创作领域拓展了一点边界。遗憾的是这本书由于内容比较专业，受众有限，并没有实现很高的销量。

我是做记者、写文字出身，自然希望自己写的东西被更多人看见。而且，我很喜欢看书，平时也会买很多畅销书来看。当时，我也会想，要是自己哪天能出版一本畅销书该有多好。于是，我朝着这个目标努力，有机会写书就会非常用心。内容都是我经过实践的总结，而且有着完整的方法体系，很扎实。对于每

一本书，我都会充满期待，希望能够解决受众群体的
刚需问题。只是每一次收获的都是失望。对此，我当
然感到挫败，毕竟没有人愿意接受一次又一次的失败。
好在我是一个积极乐观的人，虽然用心写的书没有变
成畅销书，情绪也会陷入短暂的低落，但是不会持续
很久。我没有忘记自己的梦想，并且一直在等待机会。
我知道之前的书很难畅销，毕竟专业书的受众始终
有限。

　　后来，因为短视频的兴起，我进入了教育行业，
做清华、北大的"学霸"达人自媒体账号孵化。我每
天和很多清华、北大的"学霸"在一起，对他们进行
追踪采访，挖掘他们的学习方法，了解他们的成长故
事，并通过他们的自媒体账号分享给大家。在这个过
程中，最初我只是觉得他们的学习方法很有效，想着
除了短视频和直播的方式，是否还有其他方式可以分
享出去。出于这个原因，我才又产生了写书的想法，

也重新点燃了写出一本畅销书的梦想。这是一个很好的机会，清华、北大"学霸"的学习方法对于学生是非常有价值的。而从个人成长的角度来说，非学生人群也是受众。

有了这个想法后，我就想怎样才能把这本书写好。开始时，我想的是把这些"学霸"的故事一个一个地讲出来，同时把他们的学习方法也分享给读者。当我和出版社的编辑沟通这个思路时，对方觉得这样没有成体系的方法论，会让内容显得比较松散，价值感也不足，而且市场上也有同类的竞品。

坦白地说，出版社方面的意见还是让我很有挫败感的，因为我是真的觉得这些"学霸"的学习方法很有价值，并且还有他们成长经历的支撑。不过，我还是选择相信对方的专业性意见，换了一个思路，以学习方法解决的问题为立足点，把"学霸"的学习方法收集在这本书中。我想以多而全取胜。正当我确定这个思路时，有一位很有知名度的博主也出版了一本类似的书，市场反响很好。那本书的思路和我的思路非常像，书中讲述了很多方法，然后按照解决不同问题的方式来呈现内容。看到书的那一刻，我的心情很复杂，它的成功说明我的思路其实是对的，只是我不能再写一本同样的书了。

当时，我还在继续对清华、北大的"学霸"进行采访，并且发起了一个名为"对话一百名清北学霸"的活动，希望把他们的学习方法分享出去，帮助更多孩子。采访的对象也不再局限于孵化自媒体账号中的清华和北大"学霸"，而是联系更多的清华和北大"学霸"。虽然我写书的思路和别人相同了，但是我还想收集更多有效的学习方法，在多而全的路子上继续走。

在采访的更多"学霸"中，虽然他们讲述的学习方法千差万别，但学习步骤是一致的，即从输入到弄懂、再到输出。之后，我用自己的方式总结了学习的三个步骤，分别是精准输入、深度消化和多元输出，并且将这个方法命名为"极简学习法"。我想表达的意思是无论多复杂的学习过程，只要搞定这三个步骤，就可以把学习变得很简单。

明确这样的写作思路后，我写成了《极简学习法》。这本书上市后的表现很好，很快就冲到了各大图书排行榜的首位，成为 2022 年中国非虚构类新书前三个季度的销量第一、全年第二。至此，我终于实现了自己的目标，写出了一本畅销书，成了畅销书作者。

回想这一路走来，从 2002 年进入大学开始做和新闻专业有关的事情，到 2012 年开始写第一本书，中间隔了 10 年；再到 2022 年出版第 5 本书，我终于实现了自己的梦想，而这又是整整 10 年。20 年的时间里，我一直奔赴在实现理想的路上，遇到过挫折，也有过失望和沮丧。好在这些并没有成为阻碍，而是让我更加坚定地往前走，最后把理想变成现实。

　　看完我的故事，我相信大家也会想到自己的经历。我百分百地确定，大家的经历肯定也和我一样，不是一帆风顺的，而是遇到了很多困难，然后一个一个地解决，最终才收获属于自己的好结果。

　　为什么我会这么确定呢？因为人生注定不会是一帆风顺的，一定会有挫折在前方等着我们。人生本来就是这样的，时不时就会遇到风浪。2022 年，在短视频平台上有一句被广泛传播的话，很多人都说自己特别喜欢这句话，觉得很有力量。这句话就是"事物的发展总是波浪式前进、螺旋式上升的，虽然道路是曲折的，但是前途是光明的"。

　　大家是不是觉得这句话很熟悉？好像很早就听过。没错，中学课本上出现过这样的话，这也是辩证唯物主义哲学讲的事物发展的规律。如果你觉得仅仅这一句话不够，还有另一位哲学家尼采说过："一切美好的事物都是曲折地接近自己的目标，一切笔直都是骗人的。"

　　其实，这两句话表达的是同样的道理。从现在开始，大家要明白，我们期待中的一帆风顺的人生是不可能的，没有一条笔直的线能带我们到达成功的彼岸。这个世界上万事万物的发展规律基本都是向前发展，但过程并不会顺利，只会是一个麻烦接着一个麻烦。我们只有一个一个地解决这些麻烦，才有可能到达想去的地方。

　　朋友们，前路很光明，眼下有点难是人生常态，也是正常状态，平和地接受它，再用这份平和去搞定那些困难，未来就会成为我们希望的样子。那些不好的事或麻烦事，也终将成为好事。

困难是人生常态，平和地接受它，
搞定它，未来就会成为
我们希望的样子。

行动篇

皆

凡事发生皆有利于我

凡事往长远看，
人生是一场无限游戏。

凡事皆有两面性，
好坏取决于自己。

凡事都是波浪式发展，
目标都是曲折接近。

在第 1 章里，我和大家分享了为什么"凡事发生皆有利于我"是可以实现的。在接下来的第 2 章，我会和大家分享一个好用的 4A 法则：接受事实（Accept）、调整情绪（Adjust）、分析对策（Analyze）、达成行动（Action）。其中一个 A 代表一个步骤，只要你按照这 4 个步骤去做，我们就可以把坏事变成好事。

如何解决麻烦事，
或者把坏事变成好事？
只需要4步！

① 接受事实
（Accept）

② 调整情绪
（Adjust）

③ 分析对策
（Analyze）

④ 达成行动
（Action）

4A 法则

如何解决麻烦事，或者把坏事变成好事？也许这 4 个步骤——接受事实（Accept）、调整情绪（Adjust）、分析对策（Analyze）、达成行动（Action），就可以帮你做到。我把这 4 个步骤总结为 4A 法则。

接下来，我先讲一个案例，看看这个法则是怎样把坏事变成好事的。这个案例的关键在于，如果第二天你因为前晚主动加班而迟到，然后被领导当众批评，你应该怎么办？

　　某一天早上，小陈没有听到闹铃，结果起晚了。到公司的时候，小陈迟到了 5 分钟。其实，公司并没有严格执行考勤制度，很多同事偶尔也会迟到几分钟，甚至更长的时间，一般没什么影响。不过，这天特别不巧，小陈的部门临时开会，当他赶到会议室时，部门的所有员工都到了，而且公司领导也参加了这次会议。

　　当小陈在众目睽睽之下走进会议室时，部门领导自然也看到了他。鉴于公司领导在场，部门领导只能当众批评了小陈。小陈见到公司领导在场，也不好说什么。毕竟迟到是事实，他只好接受批评，表示自己以后不会再迟到。

　　虽然小陈接受了批评，但是他的心里很不舒服。他一直很努力地工作，只是因为没听到早上的闹铃而耽误了起床。何况前一天晚上他还在加班做一个项目的 PPT。这个项目还在策划阶段，部门的其他人不知道，他想通过这个项目改变自己所在部门业务下滑的现状。

如果你遇到这样的情况，你会怎么办？之后要怎么继续开会呢？接下来，我提供两种选择，大家看看自己会选择哪一种。

选择一

你觉得自己很委屈，毕竟迟到是因为自己前晚加班，而且没有迟到很久，就是刚好赶上了开会，才被当众批评，连公司领导都见到了这一幕。所以，你一直沉浸在这种委屈的情绪中，根本没有听进去大家在会上说了什么。结果，部门领导问你问题时，你根本答不上来，再一次让他感到愤怒，他直接表达了对你的失望：不仅迟到，还在开会时走神。

选择二

你觉得已经因为迟到被批评，发生的事情也无法改变，就不管了，还是认真开会吧。然后，你发现开会的目的就是讨论如何改变业务下滑的现状，公司领导也在，这是提出自己的项目方案的一次好机会。于是，你在会上主动提出了自己的方案，部门领导和公司领导都很满意，对你赞赏有加。他们问你为什么会有如此系统而完整的方案。你如实告知，说自己意识到了所在部门业务下滑的情况，就一直在寻找解决方案，昨天恰好想得比较完整，加班把方案做成 PPT；由于加班比较晚，导致早上没有听到闹铃，所以迟到了几分钟。

面对这两种选择，你最终会选择哪一种呢？我相信你会毫不犹豫地选择第二种。也许你还会说，这么显而易见的答案还用问吗？可是在真实的世界里，很多人都选择了第一种，或者不知不觉就选择了第一种。这是为什么呢?

　　答案也很简单,因为人是有情绪的,大多数人一旦遇到不好的事情就很容易被情绪牵着走,从而把坏事变成更大的坏事。如果你能遵循 4A 法则,就能反过来把坏事变成好事。接下来,我就具体说明。

第一步,接受事实(Accept)。

　　就像前文的案例,第二个选择是先接受了事实,才有之后认真开会和突出的表现,顺势淡化了迟到这件事,同时让部门领导和公司领导看到了你的努力。

　　在遇到事情时,很多人会让自己先陷入负面情绪中,就像前文的第一种选择——委屈、伤心、愤怒。可是,如果自己被情绪绑住了,坏事就会滋生新的坏事,最后只会变得更糟糕。所以,如果你真的想把坏事变成好事，让凡事发生皆有利于自己，你需要做的第一步就是接受事实，这是让事情朝好的方向发展的开始。

当一件事情发生时，无论事情本身是好还是坏，都是已经发生的既定事实。我们无法改变，也无法重来，只剩下一个选择，就是先接受它。

第二步，调整情绪（Adjust）。

调整是至关重要的一个步骤。前一步的接受是一个不得不的选择，不接受也得接受，但调整是我们的主动选择。

有一个成语叫情不自禁。在这里，我们可以将其理解为如果事情发生时不加以干涉，放任情绪蔓延，就会让自己一直处在情绪中，走不出来。就像前文的案例中，如果做出第一种选择，就意味着人被负面情绪控制了，这样只会造成更大的问题。

所以，如果想把坏事变成好事，我们就要做出案例中的第二种选择，让已经发生的事情先过去，不能任由负面情绪肆意蔓延，更不能让自己被情绪控制，而是调整好自己的情绪，把关注点放在当下的事情上。只有把自己当下的事情做好，才有可能做到让凡事发生皆有利于自己。

第三步，分析对策（Analyze）。

如果你遇到案例中的事情，然后做了第二种选择，没有继续纠结于迟到这件事，而是选择抽离，重新开始自己的工作，你会分析出当前的会议是一次展示自己方案的绝佳机会。于是，你有了之后的行动，最终让坏事变成了好事。

正如我们在本书开始时提到的那样，人生是一场无限游戏，只要能进行下去，就可以将其视为好事，也会迎来转机。所以，当你遇到一件坏事时，你应该从坏事中抽离，然后客观地分析当下的状况，认真思考应该如何才能让事情变好，达成自己的目的。

所以，请把握好这一步，学会抽离和客观分析，这样才能找到适合自己的解决方案。一旦有了方案，就意味着有了行动计划，让坏事变成好事就有了更大的可能性。

第四步，达成行动（Action）。

毫无疑问，只有计划是不够的，你需要行动起来，才有可能真正把坏事变成好事。就像案例中提到的第二种选择，如果只是停留在想法上，你知道可以利用这次会议提出自己的计划，但是没有行动，那么想法就只能永远是想法，无法变成现实。

看到这里，大家可能会觉得，难道这么简单的道理还需要说吗？是的，就是这种看起来很简单的道理，真正做到的人却少之又少。大家可以回想一下，自己是不是每天睡觉前想了千万条路，但第二天起床后还是走了老路。

在生活中，我们都见过这样的人：思想上是巨人，行动上是矮子；或者说我们都有过这样的时候。所以，我把这一步单独拿出来讲。

接受事实、调整情绪、分析对策和达成行动，这 4 步就是为了让凡事发生皆有利于我，把坏事变成好事。从第 3 章开始，我会针对每一步专门讲述具体应该怎么做才能更顺利地达成目的。

转变思维 + 开始行动，才能真正把坏事变成好事

通过前文的案例，我相信大家应该对 4A 法则已经有了基本的了解。你可能也感觉到，这个法则一方面需要调整自己的思维，另一方面还需要落实到行动上才能收获成果。就像"接受事实"这个第一步，大家可能会觉得自己原本的思维方式受到了冲击。因为遇到麻烦事或不好的事情，大家的第一反应都是产生负面情绪，伤心、难过或生气。不用自责，这是很自然的第一反应。不过，要是任由情绪发展，大概率就会让情绪爆发出来，造成更坏的影响。

大家回想一下自己的经历，有哪一次是因为放任情绪而让坏事变成好事了吗？对解决问题起到了作用吗？答案应该是没有吧。所以，大家不能任由自己的情绪胡来，而是要控制情绪并调整自己的思维方式，思考如何应对已经发生的事情，让事情朝着好的方向发展。那么，坏事如何才能变成好事呢？

首先我们要改变的就是思维方式，或者说 4A 法则本身就是让我们拥有一种新的思维方式。当然，这里还有一个前提，就是我们应认识到，自己需要用新的思维方式解决问题。也许仍然有人觉得改变思维就够了，可惜并不是这样。我们的大脑中每天会产生无数的想法，如果只是想想，对任何事情都不会产生影响。只有当这些想法变成行动的时候，才会真正起到作用。

我希望大家不仅改变自己的想法，而且要真正行动起来。也因为这一点很重要，所以从下一章开始，我将把 4A 法则中的每一步都拆开来讲，分成改变思维、科学行动和拿到结果 3 个部分。我相信，这样可以让大家真正既能想到，也能做到，变成解决麻烦事的高手，拥有把坏事变成好事的能力。

第 3 章

接受事实

——真正的强大，是允许一切发生

真正的强大，
是允许一切发生。

接受事实，不纠结于事实，这是解决问题的第一步。接下来，我先给大家讲述一个案例。这个案例讲的是一个曾经在竞赛中落榜的男生，最后逆袭考上了清华大学的故事。

成杰（化名）是我采访过的一位清华大学的学生，当年他是以全省理科前 5 名的成绩考上清华大学的。不过，没有人能想到他在高三上学期时，还处在除了物理，其他科目都没怎么学习，对高考也完全没有任何准备的状态。

成杰在一所重点高中读书，他对理科很感兴趣。高一时，他参加了学校的物理竞赛队。不过，他也坦诚地说自己报名时并没有多想，只是因为中考的成绩不错，有报名的资格，而且很多人都在报名，也就跟着其他人一起报名了。

　　虽然成杰对理科有兴趣，但是对物理没有特殊的天赋和偏爱，当时就是随便选的，并没有认真思考。虽然他幸运地入选了学校的物理竞赛队，但他也知道自己尽管成绩还不错，却没有聪明到可以参加竞赛的程度。不过，当时他才读高一，也没有考虑得那么长远，就是稀里糊涂地走上了竞赛这条路。

　　加入学校的竞赛队后，成杰才知道，虽然学校的高考成绩很好，但是参加竞赛的水平在全国并没有很高。每年在各科竞赛中获得一等奖的学生，基本上都是来自一些竞赛强省中的强校，相对比较固定。因为竞赛不只是学生之间的竞争，也是师资、信息等方面的综合竞争。

　　当时的成杰对这些没有太在意。他就是这样的一个人，性格开朗，爱好广泛，不会特别在意某件事，也不会想太远的事情。当时的他只是觉得既然开始走了竞赛这条路，先学着就好了。

就这样，成杰开始了自己的竞赛之路。其实，走这条路很苦，风险也很高。因为竞赛生几乎要把所有的时间都放在竞赛上，基本是放弃了正常的学习。

所有竞赛生都希望自己可以获得全国一等奖，拿到保送清华或北大的名额。成杰选择了这条路，他当然也有这样的期待，只是事情并没有这么顺利。虽然成杰几乎放弃了其他科目的学习，在竞赛上很努力，但是他只拿到过全国二等奖。这意味着他与清华、北大肯定无缘了，而上清华是成杰一直以来的梦想。

当时的比赛在武汉，成绩公布后，各大名校就在现场支起了摊位，竞赛生需要自己和学校的招生老师谈。看着那些获得一等奖的学生去和清华、北大的招生老师谈，幸福地纠结于到底应该选择哪所学校，成杰更加失落。他先是默默走到中国人民大学的摊位，招生老师看到他的成绩，婉言谢绝了他。最后，成杰拿到了北京航空航天大学降分到一本线的签约。约定的内容是他的高考成绩达到一本的录取分数线，只要报考北航，北航就会录取他。

这个签约对于成杰来说是有落差的，他带着失落的心情回到了学校。当时已经到了秋天，高三的上学期都过去了一段时间，天气也逐渐转凉。这让成杰更加感到失落，他觉得自己这辈子和梦想中的大学无缘了。距离高考不到一年，成杰因为参加物理竞赛，基本放弃了其他科目的学习，想到要在这么短的时间里学完高中的全部课程，几乎没有可能。

除了失落，成杰还有一种后悔的感觉，后悔当初走了竞赛这条路，付出了那么多的时间和精力，却换来这样的结果。他觉得如果当时没走竞赛这条路，凭借自己的基础，加上努力，自己在这所学校里是可以稳住成绩，顺利考上清华的。

虽然成杰有很多负面情绪，但是好在他性格开朗，没过多久就想明白了。既然当时选择了竞赛这条路，结果不如人意也只能接受，然后继续往前走。何况还有北航保底，好像结果也没有那么不能接受。

成杰说自己当时是硬着头皮回到班级，和其他同学一起备战高考的。理性地说，他应该会认真分析自己当时的情况，制定合理的学习计划。但是，他没有，他只是有些机械地跟着学校的节奏。他不再想保送失败的事情，每次测试或考试后就把错的地方记下来，回到课本里把知识搞清楚，然后找很多同类型的题目进行练习，直至彻底搞懂，让自己达到一看见这种题就知道怎么解答的程度。

毕竟是高三的复习，平时的测试加上月考，大大小小有很多考试。成杰就是在这样的环境里努力地学习，希望考上自己梦想中的大学。我采访时间过他，为了考上清华，高三时他有多拼命？他说自己只要有时间就会做题，中午大家去吃饭的时候，自己就坐在教室里做一会儿英语的完形填空题，等到食堂人少一些时再去吃饭；下午课间仍然会继续学，继续做题；晚上吃完饭就回到教室自习，一直到深夜；回家后，也会再做一会儿题才睡觉。每天都是差不多的时间安排。

就这样，在高三上学期结束时，成杰的成绩排到了年级 20 名左右的位置。在这么短的时间里能有这样的进步已经很不容易了，只是对于想要考上清华的成杰来说，还需要继续努力。不过，这个成绩让成杰看到了希望，毕竟自己之前落下了那么多。

　　寒假的时候，成杰比之前更努力了，他每天早上起来就会开始学习，计划排得满满的，过年的时候都不例外。老师发的寒假作业，他十几天就做完了，然后又买了很多试卷，针对薄弱的地方继续做题。

　　寒假结束，开学考试后，成杰的成绩已经排到了年级前 10 名，之后的成绩也一直很稳定。更重要的是他的心态调整得很好。最后，他在高考时以全省理科前 5 名的成绩考上了清华大学。

　　看完成杰的故事，大家可以想一下，如果自己是保送失败后的他，可以逆风翻盘吗？可能很多人都觉得做不到。其实，当时的成杰也觉得自己做不到，只是他最后把不可能变成了现实。接下来，我从成杰考上清华这个案例着手，讲述 4A 法则的第一步——接受事实，把这一步真正做到位。

改变思维：允许一切发生，
生活不过是见招拆招

　　在看过成杰逆风翻盘考上清华的故事后，大家可能会有一个很有意思的发现，就是成杰的每一步选择其实并没有严格的计划，甚至可以说是下意识地走上了某一条路。接下来，我就具体分析。

　　成杰选择走竞赛这条路，可以算是跟风做出的选择。而选择物理这个科目，更是一个随意的选择，并没有经过认真思考和仔细分析。在知道学校的竞赛实力没有那么强，自己未必可以收获好结果后，他也没有选择退出，而是继续集训，然后参加比赛。

　　我和成杰有过很多接触，他真是一个性格非常开朗的人，也非常乐观，给人一种阳光大男孩的感觉。他的爱好很广泛，球踢得很好，唱歌也很好听，是那种在清华大学的校歌赛能拿奖的水平。成杰的脸上总是挂着阳光般的笑容，不争不抢，身上有一种什么都可以的淡然感。

　　成杰在没有获得全国竞赛一等奖、失去保送清华的资格时很失落，但也只是短暂的失落。他很快就跟随高三的节奏，和其他同学一样开始为高考努力。或许正是因为他的性格，他才没有给自己制定详细的学习计划，只是在每次考试后把暴露的问题一个个地消灭，最终得以凭借全省理科前 5 名的成绩考上了清华。

　　说回我们自己，其实在遇到坏事时，有两种心态对我们是有帮助的。一种是允许一切发生，另一种是生活不过是见招拆招。这两种心态也可以帮助我们转变思维，更好地应对坏事。从成杰的这段经历来看，也确实是这样。接下来，我具体分析这两种心态。

（1）允许一切发生

成杰表现出来的那种发生任何事情都能接受的态度，实际上体现的就是这一点。他进入竞赛队，尽管觉得结果未必很好，但还是继续在这条路上走下去。之后，他竞赛失败，没能保送清华，他也接受了这个结果。

允许一切发生是一种非常明智的人生态度。因为事情只要发生了，就已经成为过去，时间无法倒流，你也不能改变事情本身。所以，纠结和懊恼毫无意义，也是徒劳的。既然是徒劳，为什么还要沉溺其中呢？

纠结和懊恼毫无意义，
也是徒劳的。既然是徒劳，
为什么还要沉溺其中呢？

其实，允许一切发生的态度也分为两种：一种是主动的，另一种是被动的。不管哪种态度，都是接受事实的表现。与其纠结于已经发生的事情，还不如早点走出情绪，把关注点放在如何让事情变好上。

虽然这一点说起来很简单，但很多人就是无法做到。我认为是他们感到自己无法承担发生坏事造成的结果，或者不愿承担这种结果。就像案例中的成杰，他没有拿到全国竞赛的一等奖，无法保送清华或北大，同时距离高考只剩下很短的时间，看起来考上清华或北大的可能性已经很小了。对于这个结果，如果你是成杰，一样难以接受，也不愿意接受，毕竟已经为此付出了那么多的时间和精力。那么，面对这样的情况应该怎么办呢？

接下来，我将说到第二点：生活不过是见招拆招。

（2）生活不过是见招拆招

在成杰的故事里，他有两次关键的见招拆招。第一次就是他选择竞赛这条路后了解到成功的可能性比较小，但还是继续在这条路上走下去，该怎么训练就怎么训练，该怎么比赛就怎么比赛，一直都坚持了下来。这一次见招拆招还不算难，因为竞赛的结果需要时间，虽然可能性不高，但还是有的。

真正困难的是第二次见招拆招，就是当竞赛结果出来后，他无法保送清华或北大已成事实，但他并没有失落太久，"随波逐流"地和其他人一样备战高考。他的学习方法也有一点见招拆招的意思，就是考试后发现哪里有问题，就解决哪里的问题。

就是靠着这种见招拆招的学习方法，成杰竟然在两个月的时间里将成绩提升到年级前 20 名的位置。这绝对是非常快的提分速度了。也是因为这两次见招拆招，让看似无缘清华、北大的成杰最终考上了清华大学，还是以全省理科前 5 名的成绩。

讲到这里，有人可能会觉得所谓见招拆招是一个不科学的方法，有很多古话或故事可以证明这一点。例如，我们有一句古话就是"凡事预则立，不预则废"，每个公司都有自己的愿景和规划，这些都可以说明计划的重要性。我不否认这些道理，但与之对应的话也有很多，我们不能用道理攻击道理，这样没有益处。我想和大家分享一个特别简单的道理，就是我们真正可以掌握的只有当下。

即使我们做足计划，也有可能出现意外，这时候见招拆招就变得尤为重要了。我们不能做的就是纠结于事情的发生，这样如同画地为牢。还是那句我们都听过无数次的老话：车到山前必有路，船到桥头自然直。另外，见招拆招的态度也可以提醒我们，在生活中要有勇气和智慧面对各种问题和困难。这里的道理更简单，生命终将走到终点，在终点之前，大胆一点又有何妨呢？

当一件不好的事情发生时，选择哪种行动来应对不是最重要的，最重要的是要行动起来。无论你是按照既定的计划扭转乾坤，还是根据当下的情况见招拆招，迎难而上，都需要你对当下做出反应，不要逃避当下的处境。当你开始应对和行动时，就意味着你接受了已经发生的事实。

你可能为过去感到遗憾，也可能为未来感到焦虑，而且你不能确定自己当下的反应是否正确。不过，这并没有那么重要。无论遗憾，还是焦虑，都只会无止境地消耗你的时间和精力，让你打不起百分百的精神去见招拆招。还是那句话，时间无法倒流，如果你今天为明天还没有发生的事情而焦虑，就意味着你杀死了今天。

时间无法倒流，
如果你今天为明天还没有
发生的事情而焦虑，
就意味着你杀死了今天。

　　大家担心的事情，绝大多数都不会发生。即使发生，也不会对人生有想象中那么大的影响。两年前你觉得过不去的一件事，现在还能回想起具体发生了什么吗？十有八九已经不记得了。

　　其实，每个人都是很了不起的，那些觉得跨不过去的槛最终都跨过去了。你只管见招拆招，大步往前走吧。人生没有标准答案，也不可能尽善尽美。把眼下的事情做好，兵来将挡，水来土掩，人生就不会太差。

　　当然，我们不能只是懂得这些道理，而是要真正落实到行动上，这样才能更好地解决困难。还有，要科学地见招拆招。关于这一点，其实有两层意思：第一层是要行动起来；第二层是要科学合理。为什么这样说呢？

　　接下来，我就进入下个部分，和大家分享如何科学行动才能真正做到接受事实，并且把坏事变成好事。

科学行动：预想最坏的结果，
人生的容错率超乎你的想象

　　要想真正做到接受事实，科学地见招拆招，我们可以按照接下来要介绍的三步走。在介绍这三步之前，我想告诉大家一个关于人生的事实，就是人生的容错率超乎你的想象。在我们的整个人生中，可能并没有那么多的错误，因为从长远来看，那些未必可以称之为错误。

　　网络上一直有一个很有争议的话题，我们在这里可以讨论，就是读书能否让人成功。关于这个话题，有些人认为读书没有那么重要，并且能找到很多成功人士的例子证明读书少的人一样可以获得成功；同时，可以找到很多即使上了名校，最终也没有获得成功的例子。当然，持相反态度的人同样可以找出很多例子，就像大家熟知的一些公司的创始人都是出身名校。对于这个话题，似乎无法定论。

我想和大家说的是，这个问题的答案究竟是哪一个并没有那么重要，但我们在关于这个问题的讨论中可以明白一个道理，即人生就像一场马拉松，过程中充满了变数，一时的快慢不一定会成为决定因素。

如果我们有了这样的认知，就会很容易接受遇到的各种事情。没有哪件事是大不了的，也没有哪件事的发生是我们不能接受的。在这个前提下，我接着介绍本节开头提到的三步。

第一步，想象最坏的结果，并且说服自己接受它。

当你遇到一件坏事时，先想象最坏的结果，并说服自己接受它。就像前文的成杰，在没有拿到全国竞赛一等奖、无法保送清华或北大后，他想到了最坏的结果，就是考到一本线的成绩还可以上北航。虽然北航不是他梦想中的学校，但也是全国知名的重点大学。之后，他接受已经发生的事情，开始和其他同学一样备考。

所以，我们在遇到坏事发生时，不要被情绪控制，不知道该做什么，而是要先想一下事情可以糟糕到什么程度，最坏能坏到哪里。例如，现在很多父母对孩子的学习感到非常焦虑，认为孩子不爱学习，于是每天陪孩子写作业。当父母看到孩子连很简单的题都做不出来时，就很容易产生情绪，并且指责孩子。孩子一样也有情绪，然后和父母吵架，让家里陷入鸡飞狗跳的混乱状态。

对于这样的状况，我们先不说如何能让孩子更高效地学习，就先假设孩子确实不爱学习，成绩不好，那最坏的结果就是孩子将来考不上好大学，甚至有可能上不了好一点的高中。对于父母来说，这个结果真的完全不能接受吗？

其实是可以的。网上曾有一个传播得很广的视频，讲述的就是一个"学渣"的爸爸在班会上演讲，引发了很多人的共鸣。当时，他说自己的孩子是"学渣"，但仍然相信孩子可以成为国家的栋梁。他为孩子的成绩拖了班级的后腿道歉，同时也表示自己还是相信孩子会拥有美好的未来。他说了两点原因：一是孩子的内心很强大，虽然学习成绩很差，但是仍然能吃、能睡，自己作为心理咨询师都比不了，而走向社会后，人的内心强大程度和情商是影响成功的重要因素；二是学校的管理非常规范，班主任兢兢业业，每位家长也付出了很多，对自己的孩子也很宽容。

这位爸爸的这段没有草稿的发言引发了在场家长的阵阵掌声，在视频传到网上后引起了更多父母的共鸣。有人说这位爸爸的情商高、格局大，体现了他尊重、理解孩子的教育理念；也有人不禁感叹："孩子只是做错了题，又不是做错了人，正确的三观和健康的身体比什么都重要。"

所以，大家要允许一切发生，没有什么结果是不能接受的。我们遇到坏事时会感到焦虑，根本原因是我们没有想得更具体，也就是坏事究竟能坏到什么程度。我建议大家在遇到坏事时找一个安静、不被人打扰的地方，认真地想一想以后会怎样发展、最坏能坏到什么程度。如果有必要，也可以拿笔记下来，这样能让自己想得更清楚。

　　很多时候，当你写下来、算清楚、想明白后就会发现，坏事也不过如此，比自己预想的要好得多。在这种情况下，你就可以接受最坏的结果，也不用再为此焦虑。如果没有，也没关系，我们再一起进入下一步。

第二步，办法总比困难多，尽力让结果变好。

　　当你接受了最坏的结果时，接下来要完成的任务就是如何让事情往好的方向发展。像前文提到的孩子，最差的结果是上不了高中，只能上一所中专。如果你是他的家长，至少有以下几种方式可以让结果变好一点。

　　方式一：先打听哪些职高或中专是不错的。现在很多这样的学校是定向培养的，毕业后可以解决工作，只是我们不知道罢了。

　　方式二：咨询教育方面的专家或自己学习，科学地帮助孩子学习，避免因为学习产生焦虑，找到孩子成绩不好的真正原因。当你决定用这样的方式面对孩子而不是责骂时，结果肯定会好很多，成绩也有可能提升。

方式三：我们在这个世界上生活，并不需要每个方面都很优秀，更需要的是拥有专长。所以，你可以从现在开始，有目的地培养孩子，让孩子拥有立足社会的专长，拥抱属于自己的未来。

方式四：如果孩子的成绩始终难以提升，不如就给孩子换一个轻松的环境，选择一个小城市，让孩子不用面对激烈的竞争，收获一个阳光、健康的成长过程。

其实，要是这样写下去，还会有更多让结果变好的方式。只是你要相信办法总比困难多，关键在于你是否真的愿意面对，而不是逃避。只有这样，你才能真正解决问题，而不是任由更多问题产生。

第三步，回过来说服自己，你会发现事情并没有那么糟。

我们在遇到困难时想到很多让结果变好的方法，就不会有那么多压力，也会安心不少。你会发现，事情真的没有想象中那么糟，自己更没有必要为此焦虑。这时，你再回来说服自己接受最坏的结果，就可以"顺理成章"了。

我们之所以会对未来感到焦虑，是因为未来不可控。不可控的程度越大，自身的焦虑就越严重。当你对未来有预想，还有很多解决方案时，就会感觉未来是掌握在自己手里的。心里有底，自然不会焦虑。

拿到结果：拥有屏蔽力，不再轻易向别人解释自己

　　我们每个人都在关系中生活，没有例外。也因为这样，在接受事实的过程中，我们无可避免会受到外界的影响。正是这种影响，有可能让我们所有的努力功亏一篑。回到成杰的案例，在他回到班级和大家一起备战高考时，面临的状况是什么样的呢？

　　其实，竞赛生在高中生这个群体里算是大神级的人物，大家都觉得竞赛生更聪明，是天才。那些最终保送清华、北大的竞赛生，更是大家眼里大神中的大神。即使进入清华或北大，他们在同学中的地位甚至比省状元

还高。所以，当时成杰面临的状况就是自己这个曾经别人眼里的大神一下被拉进了凡间。有些同学自然会想：你也不过如此，根本不是这块料，还不是要和我们一起参加高考？！这些自然是避免不了的，总会有这样的冷言冷语。试想一下，如果你是成杰，又会怎么办呢？

我相信谁听到这种话，心里十有八九会很难受，说不定还会和对方理论一番。即使没有做出过激的行为，但是其他人的这些话多多少少会影响你的情绪，耽误你的学习，甚至让你开始怀疑自己。但好在成杰是一个乐观的男生，他没有过多在意别人的想法，而是马上开始复习、备考，之后才有了以全省理科前 5 名的成绩考入清华的结果。

讲述成杰的这段经历，就是想和大家分享一个道理：当我们遇到坏事时，或者在人生的任何时候，都不要轻易受到外界的影响。你要努力屏蔽一切影响自己的东西，更不要向别人解释自己，因为你得到的未必是理解。

那么，我们要如何真正做到这些呢？其实可以分为两个简单的层次：一个是知道，另一个是做到。

（1）知道屏蔽力的重要性

有人说屏蔽力是一个人顶级的能力。当然，也有人不这样认为。可是，对于不认同这句话的人来说，不认同的也是"顶级"这两个字，而不会否认这是一种能力。既然可以称为能力，那么它的重要性就毋庸置疑了。

任何消耗自己的人和事，多看一眼都是你的不对。在本章的案例中，成杰的性格帮助他屏蔽了别人的议论，让他迅速投入备考中，没有理会别人说的那些对自己毫无益处的东西。

任何消耗自己的人和事，
多看一眼都是你的不对。

回到我们的生活中，如果遇到了不好或麻烦的事情，想要拿到好结果，我们一定要懂得屏蔽外界对自己的影响，像闲言碎语、恶意中伤等。一旦我们把注意力放到这些事情上，就相当于开始消耗自己的精力，还可能让自己陷入其中无法自拔。于是，坏事变成了灾难。

所以，从现在开始，大家需要将"屏蔽这一切"的意识根植在自己的大脑中。只有这样，才有可能让结局如我们所愿。

那么，如果我们没有屏蔽力或屏蔽力比较弱，又会怎样呢？

（2）永远不要向别人解释自己

先和大家分享一个小故事。

两头牛看到河里有一个不明物体，一头牛说是鳄鱼，另一头牛说是木头。我们姑且称它们为 A 牛和 B 牛。A 牛坚持说是鳄鱼，还用树枝划了一下，希望不明物体有所反应，结果没有任何反应。B 牛见状，更坚持认为那是木头。A 牛很生气，踢过去一块石头，不明物体还是没有任何反应。B 牛有些得意，A 牛则有些气急败坏。为了证明那是鳄鱼，A 牛跳了上去，正想对 B 牛说"你看，这就是鳄鱼"，但还没开口就被一口吃掉了。最后，A 牛让 B 牛相信了不明物体就是鳄鱼，只是付出了生命的代价。

别看这个寓言般的小故事最后的结局有些不可思议，实际上，我们在生活中很多时候就和 A 牛是一样的。当别人说了一件什么事情后，我们很容易就顺着他的逻辑，希望证明自己，拼命向别人解释自己。

试想一下，如果成杰是一个屏蔽力比较差的人，当他听到别人说自己不过如此时，他直接和对方吵起来，或者向对方解释自己其实没有那么差，没有拿奖是有客观原因的，比如学校的实力没有那么强、有一些新冒起的学校很厉害、自己离一等奖最后一名的分数很近、没能保送清华或北大却也拿到了北航的签约等。你觉得别人听完他的解释会有什么反应？会因为他的理由就改变之前的说法吗？

不会的！有一段话是这样说的：看不起你的人永远都看不起你，10 年前看不起，10 年后也一样；而喜欢你的人，看到你的缺点也会觉得很可爱，不喜欢你的人，即使你的优点让自己闪闪发光，他也只会觉得刺眼。这段话说得有些绝对，但不是没有道理，尤其是大家在经历过一些事情后会有更深的体会。

所以，朋友们，不要轻易向别人解释自己，这很可能让事情本身成为自己的软肋，或者让自己成为别人眼中的笑话。无论哪一种可能成真，最后被伤害的只有自己。别人说完就算了，而你却一直郁结在心，陷入情绪的黑洞，不断消耗自己。我们需要避免的，正是这种状况。

　　在这一章的最后，我和大家分享一句"咒语"——只活一次的人生，要勇敢啊，因为勇敢的人先享受世界。

只活一次的人生，
要勇敢啊，
因为勇敢的人先享受世界。

第 4 章

调整情绪

——真正毁掉你的不是事实，
而是你的情绪

真正毁掉你的
不是事实，
而是你的情绪。

接受事实是解决问题的第一步，第二步就是本章要讲的调整情绪。这一步是非常关键的，只有控制好情绪，我们才可以进入解决问题的模式，有麻烦事就解决麻烦事，有坏事就把坏事变成好事。

接下来，我想和大家分享日本作家渡边淳一入行写作时的故事。可能很多人都知道，甚至读过《钝感力》这本书。这是近几年非常畅销的一本书，作者就是渡边淳一，他还有一本更有名的书——长篇小说《失乐园》。

渡边淳一提出的钝感力，指的就是迟钝也可以成为一种力量。我们在生活中遇到挫折和伤痛时，不要那么敏感，要表现得迟钝一些，不理会其他乱七八糟的事情，也不因为情绪影响前进的步伐，而要坚定地朝着自己选择的方向前进。

渡边淳一将钝感力视为赢得美好生活的手段和智

慧，而他本人也的确是钝感力方面的高手。在《钝感力》这本书中，他就讲述了自己身为一名医生，在进入写作领域时遇到的一件事，而对这件事的态度才让他最终成为非常有影响力的作家。

刚开始写作时，渡边淳一是和一帮三四十岁的文学新人一起，在一个名叫"石之会"的文艺沙龙里，平时会互相交流写作心得。他们都是文学新人，自然不会被报社和出版社的编辑重视，投稿的作品经常会石沉大海，或者被原封不动地退回来。

在当时的沙龙里，有一位O先生，他是大家公认最有才华的人，而且他的自尊心也是这些人中最强的。虽然是最有才华的一位，但是作为文学新人的他同样也会被退稿。每次被退稿，O先生就像受到了天大的打击，挠头、叹气，满脸阴郁，整天无精打采的，需要很久才能缓过劲来。

经常投稿，经常被拒，在很长一段时间里，O 先生都是这样的处境。他的斗志和锐气渐渐消失了，这些挫败让他从心底失去了创作新作品的欲望。几年后，O 先生在文坛上彻底消失了。渡边淳一对此很感慨，毕竟 O 先生确实颇有才华。

渡边淳一则是 O 先生的反面，他当然也有文学新人一样的遭遇，但是每次被退稿，他都会安慰自己说"那些编辑根本就不懂小说"或"发现不了我的才华，那真是一个糟糕的家伙"。没有人喜欢自己用心写的书稿被退回，受到这样的打击，渡边淳一也会借酒浇愁，但是他不会让自己一直陷入其中。过上三五天，他就会重整旗鼓，继续埋头创作，再继续投稿。

再往后的故事，大家可能就比较熟悉了，渡边淳一创作了很多好作品，成为知名作家，在文坛上取得了相当高的成就。

改变思维：情绪稳定比能力本身更重要

　　对比渡边淳一和 O 先生，二位都是文学新人，都经常被退稿和拒稿，但是两人的态度完全不一样。正是这样的差别，才让其中一个成为知名作家，另一个则在文坛彻底消失。当时，O 先生是这群文学新人中最有才华的一位。从这一点来说，O 先生是更应该成为大作家的那个，结果却并非如此。为什么会这样呢？

　　其实在这个故事中，我们可以得出一个结论：在现实的世界里，情绪稳定有时是比能力本身更重要的能力。你看，同样是被退稿，O 先生无法用积极的情绪应对，而渡边淳一虽然也会难受，但不会持续很久，并且可以很快忘记这件事，重新投入创作中。于是，两人的命运发生了天差地别的转变。

回到我们的主题，如果我们想把坏事变成好事，在调整情绪这一步，我们首先要明白一个道理：情绪在很大程度上会大于能力。正向的情绪可以让我们很从容地处理问题，而负向的情绪只会让事情变得越来越糟糕。

还有一个例子也能很好地说明控制情绪的重要性。

1965 年 9 月 7 日，世界台球冠军争夺赛在纽约举行，两位台球好手路易斯·福克斯与约翰·迪瑞在决赛场上相遇。比赛的前半段，路易斯·福克斯手感火热，比分遥遥领先。冠军似乎非他莫属，4 万美元的奖金似乎也提前落入他的口袋。

在比赛的局间休息时，福克斯一脸轻松地坐在座位上，眼睛盯着金光灿灿的冠军奖杯，放松地喝着水。这样的场景，当下的比分，似乎都在预示着福克斯将是最终的胜利者。可是比赛没到最后一刻，就意味着存在变数。福克斯注视着冠军奖杯，奖杯上的一只苍蝇似乎也在注视着他。而正是这只小小的苍蝇，让他不仅失去了冠军，也失去了生命。

休息结束后，比赛重新开始。正当福克斯要击球时，那只原本在奖杯上的苍蝇飞到了主球上，他赶紧挥手把苍蝇赶走。当福克斯再次做好击球的准备时，那只苍蝇又飞了回来。没办法，福克斯只能放下球杆，再次驱赶苍蝇。这只苍蝇就像是故意和福克斯作对，福克斯想要击球，它就会飞到主球上。在如此紧张的冠军争夺战中出现这种匪夷所思的场景，现场的观众也哄笑起来。福克斯恼羞成怒，举起球杆去拍打苍蝇，结果没打到苍蝇，却碰到了主球，被现场裁判判为已经击球。

在接下来的比赛中，福克斯阵脚大乱，多次失手。与之相反的是迪瑞抓住了机会，连续打出好球。就这样，福克斯失去了战胜对手的机会。迪瑞最终翻盘，赢得比赛。

比赛结束后的颁奖典礼上，原本属于福克斯的喝彩和欢呼都成了迪瑞的。福克斯低着头，沮丧地走出了赛场。那天晚上，没人见过福克斯，也没人知道他去了哪里。第二天早上，有人在一条河道里发现了福克斯的尸体。原来福克斯承受不住失去冠军的打击，选择了投河自尽。更让人唏嘘的是当他的尸体被人发现时，身上落满了苍蝇。

一只不起眼的苍蝇竟然打败了所向披靡的台球冠军，还终结了他的生命，这不得不说是一个悲伤的故事。仔细想想，路易斯·福克斯并不是因为那只苍蝇失去了冠军，而是因为没有控制好情绪才输掉了比赛。即使那只苍蝇一直落在主球上，也不会真正影响福克斯击球，他完全可以不理会。如果他这样做，一切都将是另外一番模样。

英国著名诗人、史诗《失乐园》的作者约翰·弥尔顿说过："一个人如果能控制自己的情绪、欲望和恐惧，那他就胜过国王。"是的，从某种程度来说，情绪稳定是一个人最大的能力，是比能力本身更重要的能力。

路易斯·福克斯是能力不行吗？显然不是，是他控制情绪的能力不行，才有了令人悲伤的结局。看到这里，大家可以想一下，自己最近一次发火是什么时候？是让事情变得更好了，还是让事情变得越发糟糕呢？我相信，大家的答案应该是一样的。

既然控制情绪的能力如此重要，接下来我就讲一下应该如何科学地行动。

情绪稳定是一个人
最大的能力，
是比能力本身更重要的能力。

科学行动：培养钝感力，紧盯目标

坏事或麻烦事最容易引起情绪，而科学的应对方式就在于培养自己的钝感力，后置情绪，让理性为先，将关注点放在解决问题的目标上。

（1）理性至上，紧盯目标

渡边淳一在被退稿时，虽然很不开心，也有很多情绪，但是他没有让自己陷入情绪的黑洞。他给了自己一点时间去宣泄，然后又会继续创作，再次投稿进行尝试。他很清楚自己的目标，就是希望自己的作品可以发表，慢慢走上文学这条道路，成为一名真正的作家。

在渡边淳一还是文学新人时，我们可以看到他在遇到事情时尽管也有情绪波动，但并没有忘记自己的核心目标。他可以做到紧盯自己的目标，即使处在情绪中，仍然可以理性地看待整件事情，分析当下的局面，没有被情绪牵着走而忘记自己要做的是什么。

所以，要想控制情绪，我们要做的第一件事就是时刻提醒自己，理性至上，紧盯目标。用这样的意识主导自己的行为，而不是任由情绪摆布，让事情变得更加糟糕。

与渡边淳一相对的，就是前文提到的路易斯·福克斯。如果他能做到紧盯自己要拿冠军这个核心目标，就可以控制好自己的情绪，不被那只苍蝇影响，从容击球，在自己占有优势时顺利赢得比赛，成为冠军。

在任何事情上，我们都要分清主要矛盾和次要矛盾。在任何时候，我们也要知道对自己来说最重要的到底是什么。那句被人熟知的"不忘初心，方得始终"，表达的也是同样的意思。人生中总是会出现各种各样的问题和困难，这时我们一定要让自己保持冷静，理性地分析和思考。只有这样，我们才能不被情绪左右，回到奔向目标的轨道上。

（2）别忘记自己要解决什么根本问题

不被情绪左右，理性至上，对很多人来说并不容易。在这里，我和大家分享一个小方法，就是在做任何事之前都应先想清楚自己要解决的根本问题是什么。而在做这件事情的过程中遇到了麻烦或挫败，难以控制情绪时，你一定要让自己冷静下来，不断地向自己重复"我要解决的根本问题是什么"。用这样的方式让自己保持冷静，你就很容易成为一个理性至上的人，不会任由情绪摆布，让事情变得更加糟糕。

在《钝感力》这本书中，渡边淳一还讲了一个故事。他在医院实习时，带他们的教授医术非常高明，但有一个缺点，就是脾气很不好，动不动会骂人。做手术时，如果谁没做好某件事，马上就会受到他的责骂。和他一起工作的人都是战战兢兢的，生怕哪里出错就会被骂一顿。尤其是当众被骂时，更是觉得非常丢脸。不过，这些人中有一个特例。

当时，这位教授带的有一位叫 S 的医生，他是教授的助手，和教授配合的时候最多。当然，他也是被骂得最多的一个。每次被教授责骂时，S 医生总是用一些重复性的话作为回应，比如"嗯嗯"或"是的，是的"。当时，很多人都担心这位 S 医生会因为受不了教授的责骂而离职。可是，大家发现每次手术后，S 医生都是有说有笑的，就像什么事情都没有发生一样。大家惊叹于

S医生忘事的速度，同时也很不解，为什么在教授如此高频的责骂下，他竟然可以如此平静！真实的情况是怎样的呢？

S医生对教授的责骂基本采取左耳进、右耳出的态度，因为每次骂的内容都差不多，所以他就机械一样地回复，根本没有在意。他知道，自己最重要的事情是跟着教授学本事，而不是被骂后也跟着发脾气。那样的话，他肯定就学不到什么本事了。

也是在这样一来一回的相处中，S医生和教授两人越来越默契，手术也越做越成功。而S医生也确实如自己所愿，一直在教授身边学到了真正的本事。几十年后，这位S医生当上了这家医院的院长，也成了教授。70岁时，S医生的身体还很健康，个性仍然温和而乐观。

　　S 医生的心里很清楚，跟在教授的身边就是为了学本事，这是他要解决的根本问题，其他任何事情都要给这个目标让路。这也正是我在这部分想要表达的意思。所以，从现在开始，大家也要逐渐成为更理性的人，遇到事情时先保持冷静，然后分析这件事是否会影响自己实现最终目标。

　　请大家一定记得，任何时候都要紧盯自己的核心目标，不要被无关紧要的事情牵绊，由此出发，做出最正确的反应，这才是最重要的事情。

　　不过，很多人可能会说："我知道理性分析很重要，但我最大的问题就是遇到坏事时根本控制不了自己的情绪。"我理解，毕竟大家都有"情不自禁"的时候。但是，我们仍然可以找到方法，努力控制自己的情绪。

拿到结果：接纳情绪再合理释放，不断提升情绪阈值

在开始讲述这部分内容之前，我们需要先改变一个认知，就是必须做情绪稳定的人。近几年，"情绪稳定"这个词非常流行，不只是身边的人，很多专家和学者也在说，渐渐形成了一种倾向：成年人必须做情绪稳定的人。很多人也这样要求自己，有些人因为做不到还会被人指责或感到自责。

现在，网络上也有很多类似的言论，认为真正强大的人都是没有任何情绪的。当然不会这么绝对，人是有情感的，情绪就是情感的体现。我们不是石头或木头，只要生活在这个世界上，就会经历喜、怒、哀、乐、悲、恐、惊等情绪，无论我们是否强大。而那些看似没有情绪的人，只是隐藏得很好，或者情绪不能让他们失去该有的冷静和理性。

我们假定一个场景：如果别人冤枉你，甚至骂你，你是否有情绪？如果有人让你在这种时候保持情绪稳定，可能吗？不可能，也不合理。因为你的情绪只要产生，就不会消失，它只是被你憋回去了，没有释放而已。这也是为什么越来越多的医学研究表明，生病很多时候都和情绪有关。

其实，情绪就像洪水，而管理情绪就像治水，堵不如疏。当你生气时，就相当于形成了洪水，这时需要想办法让洪水流走，而不是堵住。这也是更科学的一种方法。你可能会说："既然情绪像洪水，我可以修大坝、建水库啊！"是的，你当然可以这样做，只是身体的承载能力有限，等到坍塌的那一刻，你面临的将是无法预料的灾难。所以，我们要清楚地认识到：情绪是无法被控制的；我们不能让自己的每一天都过得很开心，也不能保证一生都无忧无虑，更不必强迫自己成为情绪稳定的人。

既然情绪不能被控制，那么我们在产生情绪时要如何处理呢？我直接说结论：我们要控制的不是情绪本身，而是释放情绪的方式；我们要做到的不是情绪稳定，而是释放情绪的方式稳定。

如果大家暂时不理解这句话，请先带着这句话表达的观点继续往下看，了解如何做到我说的情绪稳定的 4 个步骤。

第一步，接纳情绪。

每一种情绪都很重要，但我们首先要做的是接纳。我们还是先看本章开头的案例。渡边淳一先生在遭到拒稿或退稿时，他也有情绪，也会在心里骂编辑。只是他在郁闷了几天后，可以很快从负面情绪中走出来，重新投入写作中。这就是接纳情绪的一种表现，没有拒绝情绪的出现，也没有因此责怪自己，对情绪做了非常恰当的处理。

其实，调整情绪的前提就是要允许和接纳各种情绪的发生。请注意，是接受各种情绪，不只是好情绪，还有坏情绪。我记得看过一个视频，内容是一位爸爸和还不大的孩子的对话。在视频里，爸爸问孩子："你觉得快乐重要吗？"结果，孩子反问道："为什么只有快乐重要呢？所有情绪都重要啊！"

是的，为什么我们只关注自己的好情绪呢？当我们开心时，我们感觉很幸福。但是，我们不开心时，也是生活的一部分，同样需要我们的关注。人生就是一场体验，不可能只体验那些给我们带来愉悦的情绪。当你可以抽离地看待人生时就会发现，无论什么情绪，都只是不同的体验而已。

我们应该关注和接纳每一种情绪，尤其是平时被忽略的情绪。请大家注意，每一种情绪的出现都有它的理由，都是内心的反射和外显。我们只有真正面对它，客观分析它，才能处理好它。如果我们做不到正视，又怎么谈得上掌控呢？

接下来，我们一起进入第二步。

第二步，分析情绪。

分析自己的情绪，就要看到情绪背后的真正诉求。我曾经在工作中遇到过一个特别优秀的男生，他的公司是我们的供货商，我和他做具体的对接，有很多需要配合的事情。这个男生毕业于名校，阳光开朗，专业能力很强，做事干净利索。我们对接的几个项目都很顺利，连续几个项目都得到了领导的赞赏。不过，在和他合作的过程中，我也发现了他有两个和性格本身有些不协调的习惯，让我有点无法理解。

第一个是他每次开会讲方案时都是自信满满的状态，但在讲完后，他就像换了个人一样，小心翼翼地询问在场的人有没有什么意见，表情透露着紧张，甚至带有一些胆怯，讲方案时的自信荡然无存。其实，他每次的方案都做得很好，讲得也很棒，真没有什么可挑剔的地方。

第二个是我们在项目执行的过程中经常会有一些临时的调整，他每次都会主动找我提出自己的新想法。他的想法都很好。只不过无论是当面沟通还是电话沟通，他总是一副非常不好意思的样子。他在说自己的想法前会先铺垫很多不得已的原因，说完想法后还会说很多抱歉的话，生怕会让我感到不高兴，就像一个做错事的孩子。即使用微信沟通也有这种感觉，在文字中加很多表情包以显得不那么生硬。有时，他甚至会找我聊一些其他事情，然后把话题引到他要提出的想法上，给我一种感觉：他不是来和我说想法的，而是在聊天的过程中聊出了新思路。

我们越来越熟悉后，有一次我和他说了他的这两个习惯，也直接表达了我的好奇。我对他说："你是一个阳光开朗的男生，能力也很强，为什么在那种时候会表现得有些胆怯呢？"

听到我这么说，他先是一惊，然后反问我："我有这样吗？"

我给他讲了几次他讲方案时的情况，还给他看了他在微信上和我提想法时的聊天记录。看完后，我问他："是以前经历了什么事情，让你变得不够自信吗？"当我问出这个问题时，他低下了头，用双手托着自己的额头。我看不到他的脸，但是能感觉到他的情绪非常低落。过了好一会儿，他才重新抬起头。

他先是感谢我注意到了他的不自信，然后说他读小学四年级时，父母为了让他接受更好的教育，让他离开了家乡的那个小县城，去省城上学，住在舅舅家。舅妈的脾气不太好，他妈妈交代他在舅舅家要听话，不要惹舅舅和舅妈生气，还要照顾好表弟，也就是舅舅的儿子。他在舅舅家住到了初中毕业，上高中时才开始寄宿。

　　因为这样的成长环境，他养成了小心翼翼的行事方式。他说自己只要在舅舅家待着，就会感到紧张，生怕说错话或做错事。一旦离开舅舅家，比如在学校时，他就会感到很自由，完全没有这种紧张感。

　　那天，我们聊了很多。他很感激我让他看到了真实的自己，也说会慢慢调整自己。我为他加油，希望他变得更自信。何况他的能力很强，这本身就是自信的基础。之后，我们仍然在工作上配合了很长时间，他的确变得越来越自信，讲完方案后仍然会征求大家的意见，但是已经不再胆怯了。当然，他给我提新想法的时候也越来越多，而且很直接，我们合作的项目也做得越来越好。

　　后来的某一天，他告诉我要离职了。因为我们的项目做得很不错，在行业内很有反响，他被猎头挖到了一家算是甲方的公司，而且可以直接成为小组的负责人。

我很为他高兴，他也再次感谢我当时让他看到了真实的
自己，才有了后来的改变。

是的！有时候，身体比我们更了解自己。这个优秀
的男生，他以前都没有察觉自己的问题，但是身体表现
出来了。我作为旁观者，看到了这一点。

当情绪来敲门时，我们要开门让它进来，而不是拒
之门外。我们要正视每一种情绪，除了接纳，还要分
析，分析这些情绪背后的真实诉求又隐藏了一个怎样的
自己。一旦我们找到原因，清楚了需求，就知道应该如
何处理这些情绪。处理好情绪的同时，我们也可以变成
更优秀的自己。

所以，请大家记住，我们的情绪，尤其是我们忽略
的坏情绪，其实是一面镜子，它能提醒我们心里有一些
东西，可以让我们看见内心中真实的自己。

第三步，释放情绪。

我们应该控制的不是情绪，而是情绪的表达方式。在前文中，我们提到控制情绪就像治水，不能堵，只能疏。疏就是释放。那么，到底怎样释放情绪呢？接下来，我会给大家介绍 3 个方法。

（1）避免情绪爆炸时刻，找破坏性最小的方式释放

对情绪稳定的理解，更合适的应该是情绪表达的稳定。我们想要做到这一点，就需要避免出现情绪爆炸的时刻。人的情绪有时真的会失控，如果任由其爆发，只会造成更坏的结果。大家一定都有过这样的时刻，因为某个人或某件事的刺激，怒火一下就蹿了出来，愤怒如海啸一样瞬间淹没理智，气得全身发抖，感觉马上就要爆炸了。如果你在那个瞬间没有控制住自己，在冲动之下，很可能就做出难以挽回的事情。

也许有些人觉得，如果情绪来的时候可以控制得住就不叫失控了。意思没错，但是我们必须让自己避免失控，因为失控后的结果可能是我们无法承受的。有这样一种观点，说的是暴风雨般的愤怒持续时间往往不超过12 秒。按照这个观点来说，只要我们能在 12 秒内控制住自己，涌上来的极端情绪就会回落，慢慢让我们恢复理性。

在这里，我给大家介绍 3 个简单、好操作的方法。

① 30 秒呼吸法

当你感觉自己处在情绪爆发的边缘时，你就强迫自己开始深呼吸，在 30 秒或更短的时间内慢慢让自己平静下来。如果没有平静，至少你也不会有失控的行为。因为你用深呼吸中断了情绪爆发的过程，人为地切换了自己的状态。

② 强制中断法

强制中断法就是指中断当下正在发生的事情，最好是离开现场。例如，你和别人因为某件事发生争执，你要彻底爆发了，马上就进入失控的状态。这时，你可以离开现场，强制中断当时的状况。离开现场后，你可以再用深呼吸的方法让自己平静下来。

③ 避免触发点

每个人都有一些自己的特点，很容易被某一类话语或事情激怒。大家可以回想一下，自己每次生气是因为什么话或什么事情，这就是激发情绪的触发点。为了避免出现极端情绪，你需要找到自己的触发点，然后尽量避开，这也是一种直接、有效的方法。

总的来说，就是我们需要避免出现情绪爆炸这种极端的情况。避免了这种情况，就意味避免了最糟糕的结果。不过，我们避免了失控，可情绪还没有得到释放。这时，我们需要找到更合适、影响更小的方式释放情绪。就像本章开头讲述的渡边淳一的经历，被拒稿后，他没有失控，只是在心里抱怨了一下编辑，然后去酒馆喝酒，失落几天，等情绪释放后就再次投入了创作中。每个人都有情绪，也都能找到最适合自己的释放方式。需要注意的是，不要有破坏性，避免给别人带来不好的影响。

梁朝伟在一次接受采访时说自己也有阴郁的时候，拍戏拍得不好，回家会哭。他说自己和张曼玉在拍摄《阿飞正传》时，张曼玉拍一场戏经常两三条就过了，自己却需要十几条，甚至二十几条才能过。当时，他产生了自我怀疑，一回家就会把自己关起来哭。哭着哭着，也就没事了。

这是梁朝伟释放情绪的方式，他选择了自己消化。我希望大家都能找到自己释放情绪的方式。如果暂时还找不到，我们可以继续往下看。

（2）精准地表达与沟通，说出来就会好一半

很多人以为心理医生最重要的任务是分析患者的心理问题，然后"对症下药"，实际上不是这样的。心理医生的作用，或者第一个作用就是聆听对方的倾诉。

大家应该都有过这样的体验，当自己不开心时，感觉心里堵得慌，好像压了很多东西，特别不舒服，尤其是受到委屈的时候。这时，你会很想找个人，把心里话都说出来，连带自己的难过和委屈。说出来的过程，其实也是释放情绪的过程。而我们希望得到别人的理解或表达自己的诉求，需要的是精准表达。只有精准表达，才能理解彼此，也会更好地释放情绪。

很多时候，表达的问题都出现在自己和亲近的人之间。例如，有些人和父母的关系不太好，经常吵架或爆发冲突。这种情况多是因为彼此没有沟通好，才会出现误解。

有一个女孩，她一直很努力，大学毕业后留在大城市，进了一家规模很大的公司。她希望能赶快挣些钱，然后把父母接到城里生活，但是父母并不认可她。父母觉得女孩子就应该借助名校的经历，回家找一份安稳的工作，再找一个不错的男人结婚，这样比较好；留在大城市辛苦不说，工作也不稳定，而且未必会有好结果。女孩和父母经常为此爆发冲突。这个女孩认为父母是在操控她的人生，而父母则认为她一点都不听话。谁也拗不过谁，但是也在关心彼此。这个问题要怎么解决呢？

之后，在父母又一次让女孩回老家时，双方再次爆发了冲突。不过，在这次冲突中，女孩虽然抱头痛哭，但是第一次说出了自己的想法。她说自己希望在大城市生活，干出一番事业，也希望能够把父母接到大城市生活。她不想过那种一眼看到头的日子，所以才会拼命地想要留下来。

很难想象，女孩和父母吵了那么多次，却是第一次说出自己真实的心意。父母知道了她的心意，也第一次表达出希望她回老家是心疼她，不想她那么辛苦，并没有操控她的意思。最后，双方都理解了彼此。

我们中国人整体上是内敛、含蓄的，表达时通常不会特别直接。就像在很多家庭里，父母总是为孩子付出很多，但用的是自己认为正确的方式，忽略了孩子的感受，双方也不会坦诚地沟通以知晓彼此的心意。于是，父母和孩子之间出现了很多问题，彼此误解，让问题变成更大的问题。就像前文提到的女孩，她觉得父母在操控她，父母觉得她不听话，其实都是彼此的误解。

我希望大家在遇到一些事情时，尤其是被误解、受委屈时，一定要和对方精准沟通，表达自己真实的想法，尽量消除误会。很可能，你将收到对方的理解。当然，你也可以更好地理解对方。也许两人之间的问题就解决了，情绪也得到了释放。总之，精准沟通是一种能力，需要我们刻意练习。

（3）做一些开心的事情，换一种情绪来接班

释放情绪的最好方式就是换一种情绪来接班。你不开心了，就去做能让自己开心的事情，吃喜欢的食物，逛喜欢但没去过的地方，去运动，哪怕是睡大觉。总之，有可能让自己开心的事情都可以做。

我们不要把自己绷得太紧，也不要给自己太多压

力，更不要一直把自己囚禁起来。前文已经提过，要允许一切发生，生活不过是见招拆招，没有什么过不去的事情。一旦我们发现自己要被负面情绪包围，就要在脑海中翻出这样的意识，让自己多想一想正面、积极的东西，以此抵御负面情绪的侵袭。

还是这一章中反复提到的，我们真正要控制的不是情绪，而是情绪的表达方式；我们真正要解决的也不是情绪，而是过于情绪化。当你明白这一点时就会发现，控制情绪并没有那么难。

第四步，驾驭情绪。

除了释放情绪，我们还有其他解决情绪问题的方法吗？答案是肯定的，也就是这里要讲的第四步：让自己成为对情绪有更强驾驭能力的人，用物质和认知不断提升自己的情绪阈值。

情绪阈值就是指能够引起个体情绪波动的临界点。一般来说，容易被小事影响、情绪起伏大的人，情绪阈值都比较低。而情绪阈值高的人，情绪自然更加稳定，不会轻易受到影响。这也可以反映他们对情绪有很高的驾驭能力。所以，提高我们的情绪阈值，有利于我们控制自己的情绪。

那么，具体应该怎么做呢？总的来说，就是用"物质＋认知"双管齐下，才能达到我们想要的效果。接下来，我分别介绍。

（1）物质层面

在平时的生活中，我们经常用一句话来开玩笑：能用钱解决的事都不是事。虽然这句话经常出现在朋友之间的玩笑里，但是我们也没法否认钱的重要性。何况我们的不开心，很多时候也有钱的原因。如果自己的经济状况好一点，烦恼也会相对少一些。

试想一下，如果你在公司因为受了委屈而不开心，又没什么积蓄，为了保住这份工作，你只好忍气吞声；下班后，你还要坐很长时间的公交车回到自己的出租屋，一个人独自难过。而如果你的经济条件不错，在公司受了委屈，你就敢据理力争。即使没有据理力争，你也可以找个地方吃点好的或者买点东西，等开心了再回家。这和上一种情况是完全不同的。

还有一种常见的情况，你的经济条件不好，某个月因为业绩一般，只拿到了基本工资，你会为下个月的房租、房贷等发愁，不由得感到紧张和焦虑。如果你的经济状况不错，偶尔一个月的工资少点也不会让你特别在意，情绪更不会因此受到影响。

所以，要想提高情绪阈值，不轻易被外界的事物影响，需要一定的物质条件作为基础，我们需要在能力范围内尽可能地改善自己的生活。当我们的生活变得越来越好时，眼中的世界也会随之改变，原来那些让自己感到心烦的人和事好像都不见了，或者已经没法影响我们了。

（2）认知层面

钱可以解决很多问题，却解决不了所有问题。不是人越有钱，烦恼就会越少。谁都会有自己的问题，也都会有不开心的时刻，这并不完全取决于钱。还有很多情绪需要我们自己接受、理解和消化。

世界上有多少个人，就有多少种人。每个人都是不同的。我们的不开心，有时候也和认知的局限有关。世界是多元的，也是在飞速发展的。我们无法保证自己的思维一直跟得上变化，也无法让认知一直处于前沿，总有一些事情是我们不能理解和看透的。

所以，我鼓励所有人多阅读。阅读不一定能增加财富，但是一定可以提升认知。它会培养人的多元化思维，让头脑更开放；也可以让人更好地理解这个世界，接受更多样的观点和事物。当你可以做到时，对很多事情就有了更广、更深的理解，不会轻易觉得自己受到了冲击和挑战，也不会为此而不开心。

当然，除了阅读，还有很多方式可以帮助我们提升自己的认知。无论选择哪种方式，重点都是为了让我们更有包容力，不断提高自己的情绪阈值，不让情绪轻易受到影响。

讲到这里，关于调整情绪的部分就讲完了。其实，这部分内容一直都在讲述如何让情绪合理地释放，而不是如何控制情绪。最后，请大家注意前文提到的一点：

我们要解决的问题是情绪化，而不是情绪本身。

　　接下来，我们要进入的就是 4A 法则的第三步——分析对策。

第 5 章

分析对策

——真正的强者，
都是解决问题的高手

真正的强者，
都是解决问题的高手。

当情绪问题得到解决时，我们就有了一个好状态，接下来要解决的就是事情本身。所以，我们现在进入 4A 法则的第三步——分析对策。在正式讲述之前，我们还是先看一个案例。这个案例非常贴近生活，是很多人都可能遇到的问题。

鹏浩（化名）的母亲和自己的妻子关系不睦，婆媳之间时有矛盾发生。夹在中间的鹏浩备受折磨，已经到了崩溃的边缘。但是，后来他受到别人的提醒，开始"放任不管"，反而让婆媳二人的矛盾得到了很好的阶段性解决。到底是怎样解决的呢？接下来，我们就具体了解一下。

鹏浩出生在农村，大学毕业后去了大城市打拼。他很努力，事业发展得也不错。靠着自己多年的积蓄和亲戚朋友的帮忙，他在 30 岁那年买了一套两居室的房子。虽然他有贷款，也欠了一些债，但总算在城市里扎下了根。

30 岁也是大家眼里该结婚的年纪。鹏浩经人介绍，认识了后来的爱人晴羽（化名）。两人来自同一个地方，是老乡。说着相同的方言，也有着相似的生活习惯，同在大城市打拼的两人很快感情升温，也很快走进了婚姻的殿堂。不过，虽然两个人是老乡，但鹏浩家是农村的，而晴羽家是县城的，两家的条件多少有点差别。这一点原本不算问题，毕竟两家的条件不是天差地别，何况鹏浩也凭借自己的努力在大城市买了房。但是，这一切在鹏浩和晴羽的儿子出生后有了变化。

两个人都要上班，没有那么多时间照顾孩子，鹏浩把母亲接了过来。鹏浩的母亲虽然是农村人，但和很多人不一样的是她在村里当了很多年的妇女主任，知道读书的重要性，所以才会含辛茹苦地培养鹏浩，供他读大学。现在，看到儿子在大城市买了房，她很骄傲，也很心疼。

　　孩子刚出生，所有人都很高兴。所以，刚开始时，婆媳相处得还不错，没有什么问题和矛盾。过了一段时间，两人开始经常吵架，吵架的内容都是一些细枝末节的事情。例如，晴羽说婆婆没有及时给孩子换尿不湿，觉得一个尿不湿用的时间太长；或者婆婆说晴羽经常点外卖，不吃她做的饭，不懂得节约，少则几十元，多则上百元。

　　每次婆媳吵完架后，鹏浩都要当和事佬，劝完这个，劝那个，两头说好话。有一天，鹏浩为尿不湿的事情和母亲沟通。母亲说一个尿不湿要花几块钱，穿一会儿就扔掉，太浪费。她觉得多用一会儿也没什么，最多用大半天，这样也能省点钱。鹏浩觉得不是没有道理，何况母亲还是出于好意，就转过头和晴羽解释。

结果，晴羽听完后更生气了。

晴羽觉得钱不是这么省的，如果不及时更换尿不湿，孩子很容易捂出疹子，导致皮肤发炎，说不定还要去医院。孩子又要遭罪，还要多花钱。除了这件事，晴羽还说婆婆总是把剩菜一遍一遍地热，自己要给孩子喂奶，要多吃新鲜的东西，所以才会点外卖，同样也多花了钱。

鹏浩觉得晴羽说的也很有道理，之后又向母亲转述了一遍。结果就是他的母亲也更生气了，说儿媳妇只知道花钱，两个人每天那么辛苦地上班，早出晚归，就为多挣点钱，应该更懂得节省。说到这些时，她哭了起来，觉得自己的好心没有被理解，受了委屈。

这样的事每隔几天就会出现一次，鹏浩自然每隔几天也要当一次和事佬。就这样，鹏浩自己累得够呛，事情也没有彻底解决。而且，晚上要和孩子一起睡，孩子有时半夜哭闹，这让鹏浩很少能睡得安稳。

鹏浩的工作很忙，家里还有一堆事，晚上再休息不好，整个人的状态和精神都很差。鹏浩的领导已经提醒了好几次，让他尽快调整工作状态，但是哪有那么容易呢？随着婆媳的矛盾不断升级，吵架的频率和程度越来越高，鹏浩也被折磨到濒临崩溃的状态。

有一天，婆媳两人又因为更换尿不湿的问题爆发了冲突。鹏浩的母亲哭着要回老家，说不在这里受气了。而晴羽也哭着说自己后悔嫁到了鹏浩家。整个晚上，鹏浩都在处理冲突，直到凌晨3点多，才把双方安抚好，一家人算是睡下了。

那个晚上，鹏浩根本就睡不着，他也感到委屈，不明白这种事为什么要发生在自己身上，觉得自己很辛苦。这些年，自己一个人在大城市打拼，吃了很多苦才勉强走到现在。好不容易结婚了，婆媳矛盾又这么严重，根本不知道怎么解决。

第二天，鹏浩的公司有一个重要的会议。会议内容是向大领导汇报一个战略级的项目，鹏浩是这个项目的负责人。结果，鹏浩因为太累，在开会讲方案时一直犯困。大领导注意到鹏浩的状态，皱起了眉头。鹏浩的直接领导见状，找个当口，自己接过了方案来讲。好在方案本身做得不错，公司做这个项目也基本是板上钉钉的，最后有惊无险地通过了。

开完会后，领导把鹏浩叫到办公室，严肃地和鹏浩谈话，说他如果还不能调整状态，就要把项目交给其他人做。听到领导的这个说法，鹏浩急了，因为他为这个项目已经准备了将近一年。而且，做好这个项目，鹏浩能拿到一大笔奖金，也可以升职加薪。

鹏浩跟着这位领导已经好几年了，他一直很努力，领导也一直很看重他，两人的关系很好。当时，鹏浩听到领导说项目可能交给别人，就觉得很委屈，向领导大倒苦水，说了自己家里的事。没想到听完鹏浩的话，领导笑了起来，然后说这个问题其实很好解决。

鹏浩很惊讶，不敢相信地问："您说婆媳矛盾很好解决？"

领导说："婆媳矛盾当然不好解决，不过你现在遇到的问题看起来是婆媳矛盾，实际上是经济问题。所以，目前你要解决的不是矛盾，而是要让家里的经济状况变得好一点。只要解决了这个问题，现阶段的婆媳关系就能修复。"

鹏浩一头雾水。领导接着给他分析说："你刚才说的那些事，不管是因为尿不湿，还是因为点外卖，本质上都是因为你母亲觉得儿媳妇花钱太多，想帮你们节省一点。何况你买了房，又有了孩子，开支肯定少不了。还有，你母亲也不想让你那么辛苦。你想想，如果你有一笔存款，给你母亲在小区里租个房子，需要带孩子时才过来，婆媳矛盾肯定就会马上解决。即使没有，情况也会大为好转，因为吵架的由头已经没有了。"

鹏浩听到后恍然大悟，连连点头称是。然后，他接着问："那您说我现在应该怎么做才好呢？"

领导答道："这很简单啊！你和她们两人一起聊一次，承认她们对你的爱，但也要点出矛盾是因为家里经济状况不好引起的。经常争吵已经影响了你的工作，这样下去，只会让这个家陷入恶性循环。你可以让她们尽量不要争吵，或者减少一些争吵，不用你再花很多时间和精力处理。因为你现在需要好好工作，赶紧赚钱。除了这些，你还要告诉她们，如果还要继续没完没了地争吵，你也不会再管了，只会集中精力在事业上。"

　　这下鹏浩彻底明白了，也知道自己以后应该怎么做。他向领导保证，说自己会尽快处理好家里的问题，然后全力投入工作，把手里这个重要的项目做好。当天回家，鹏浩就把母亲和妻子叫到一起，开了一个小型的家庭会议，按照领导的建议坦诚地对她们说了自己的想法。结果，鹏浩的母亲直接就哭了，对自己在一些小事上计较，对鹏浩产生这么大的影响表示后悔。而晴羽说自己也会好好工作，和鹏浩一起分担，两人一起改变家里的经济状况。

　　之后，婆媳俩都像换了个人似的，一家人其乐融融，鹏浩也得以全身心地投入工作中。他负责的项目进行得非常顺利，很快就有了成果。公司领导对鹏浩

的表现非常满意，直接升职加薪，也为鹏浩争取到一
笔本来应该在项目结束时才会发的奖金，当然是按照
一定的比例提前进行奖励的。鹏浩用这笔奖金偿还了
当时买房借的钱，经济压力一下减少了很多。

　　家里的经济压力没有那么重，生活也过得更好了。
后来，鹏浩给母亲在小区租了另一个房子，还把在老
家的父亲也接过来。现在，一家人相处得非常好，不
再有像以前那样的矛盾。

　　鹏浩非常感谢部门领导帮助自己度过了家庭危机，
只是领导后来对鹏浩说："老弟，你不要高兴得太早，
这次解决的实际上是经济问题，不代表婆媳之间以后
都不会再发生任何问题。也许过几年，婆媳之间又会
有其他矛盾，希望你到时候能用自己的智慧解决。当
然，如果没有任何矛盾，那是再好不过的。"

改变思维：从"为什么是我"到
"这件事要教我什么"

如何在遇到问题时解决问题呢？我们需要的是思维先行，改变对问题的态度，换一个视角重新看待。

（1）受害者思维与成长型思维

具体而言，就是我们的思维要从"为什么是我"的受害者思维转变为"这件事要教我什么"的成长型思维。就像前文的案例，面对婆媳矛盾，鹏浩和领导完全是两种看待的方式，自然会有两种不同的发展方向。

鹏浩很努力地在母亲和妻子之间斡旋，但是并没有解决两人的矛盾，还让自己陷入其中，工作受到了很大影响。鹏浩感觉很痛苦，不明白这样的事情为什么要发生在自己身上。这就是典型的受害者思维。而鹏浩的领导则相反，一眼就看到了婆媳矛盾的根源在家里的经济状况上。知道了问题的根源，才能更好地解决问题。鹏浩按照领导的意思和家人坦诚地沟通了一次，之后又把精力都放在工作上，家里的经济状况慢慢好转，婆媳矛盾也得到了解决。

为什么思维的转变这么重要呢？因为"为什么是我"的受害者思维会让人陷入事情本身之中，很容易自暴自弃，不再想着如何解决问题。我们的人生不可能一帆风顺，遇到坏事、糟糕事是常态。如果不跳出受害者思维，我们将一直处在"悲剧"之中。与受害者思维相反的是"这件事要教我什么"的成长型思维。当我们遇到坏事或糟糕事时，积极地分析本身就意味着行动，是走在解决问题的路上。只有这样，我们才有可能把坏事变成好事，把糟糕的事变成顺利的事。同时，我们解决问题的能力也会越来越强，人生道路自然会越走越宽。

所以，大家要对比着看，"为什么是我"的受害者思维会把你导向消极的一面，最终导向黯淡无光的人生；而"这件事要教我什么"的成长型思维则会把你导向积极的一面，从而收获灿烂的人生。做事不怕慢，怕的是方向错误。只要不是南辕北辙，哪怕走得慢一些，也可以到达幸福的彼岸。

（2）人生的礼物通常会裹着苦难的外衣

我们平时收到的礼物都有精美的包装，需要一层层地拆开才能拿出来。而我们送别人礼物也是一样，希望对方拆开后收获一份满满的惊喜。其实，人生给我们的礼物也一样。只不过我们收到或送出的礼物通常会让人一眼看出那是一份礼物，而人生的礼物通常会裹着苦难

人生的礼物
通常会裹着苦难的外衣。

的外衣，让人无法轻易地看出来。只有拆下这些，才能察觉里面的馈赠。

有一对小夫妻，男才女貌，彼此也很恩爱，在外人看来就是天造地设的一对。事实也确实如此，他们的确很幸福，从来不吵架，遇到事情也是有商有量的。不过，随着两人在一起的时间越来越长，生活归于平淡，彼此不再像原来那样注重浪漫和惊喜，也会暴露一些缺点，慢慢为一些事开始争吵。再往后，争吵的次数越来越多，程度也逐渐升级。

有一次，夫妻俩又吵架，而且吵得很凶，都把离婚挂在了嘴边。当然，两人的关系远远没有到离婚的程度，都是吵架时话赶话说的气话。好在这对小夫妻都是理性的人，冷静下来后意识到这么高频、严重的争吵，一定是婚姻遇到了问题。于是，两人约定一起坐下来，不带任何偏见和情绪地分析究竟是哪里出了问题。

夫妻俩去第一次约会的西餐厅，聊了很多。他们发现彼此心里仍然有对方，吵架的那些事也不是谁的问题，只是男人和女人看待事情和处理问题的方式不一样才产生了很多误解。这些误解没有及时消除，越积越多，并且越积越严重，终于爆发了一次大冲突。

话说开后，两人心里都舒服多了。最关键的是两人因为沟通又加深了对彼此的理解，再一次感受到彼此之间那种浓浓的爱意，关系变得更亲密了，仿佛回到了曾经恋爱的时光。

吵架吵到把"离婚"两个字挂在嘴边，这对彼此相爱的人来说绝对是一个严重的打击。好在他们没有放任不管，而是选择静下心来好好地聊一聊，不仅解决了问题，也加深了感情。这就是前文提到的人生的礼物。夫妻之间的浓浓爱意和以后幸福的生活，这份珍贵的礼物是在两人经历过很多次争吵后获得的。原来的争吵就是这份礼物的包装，他们拆开后得到了惊喜。

"天将降大任于是人也，必先苦其心志，劳其筋骨，饿其体肤，空乏其身，行拂乱其所为，所以动心忍性，曾益其所不能。"我们都很熟悉这些话，道理也是一样，先苦后甜，先难后易。我要多说一句：不是只有经历困难才能成长，而是困难不可避免，既然不可避免，那就干脆让自己从中变得更强大，让这段经历成为一种财富，并不只是成为过去。

当你遇到坏事或麻烦事时，请记得转变自己的思维方式，从"为什么是我"的受害者思维转变为"这件事能教给我什么"的成长型思维，把它当成人生的礼物，只是带有困难的包装而已。这不是所谓的精神胜利法，而是给自己传递积极的信号，让自己更豁达地面对周围的一切。当你拆下那层包装时，说不定就能收获一份惊喜。

科学行动：聚焦可控区，
以第三方视角寻找对策

遇到问题，分析对策，看似一件简单的事，但是如果没有好的方法，实际上并不简单，因为人很容易走上一条错误的路。接下来的部分，我就具体讲述如何做好分析对策。

（1）聚焦可控区，永远从自己身上下手

我们在需要解决问题时很容易陷入一个怪圈，即很多事情其实是因自己而起，但我们会习惯性地从别人身上找原因，认为是别人给我们带来麻烦。这样是很难真

正解决问题的。

　　以鹏浩为例。当母亲和妻子出现矛盾时，他认为这是她俩给自己带来的问题。他的第一反应也是在两人身上找问题，来回斡旋，希望她们做出改变，进而解决问题。但是，这样做解决什么问题了吗？

　　没有！因为人是很难改变的，何况性格和人生观经过多年已经彻底形成，并且会很反感别人对自己指指点点。我们控制不了别人，也很难改变别人，从别人身上着手解决问题并不容易，鹏浩在面对婆媳矛盾时也没有成为例外。

　　解决问题时不管涉及多少人，我们最好从自己身上着手，因为我们能控制的只有自己。例如，鹏浩的领导给鹏浩的解决方案就是让他好好工作，尽快改善家里的经济状况，对于眼下的婆媳矛盾，好好沟通一次后就先放下，把精力放在解决根本问题上。结果，鹏浩遇到的问题反而不再是问题。

读到这里，大家可能觉得，有些麻烦事就是别人惹出来的，当然要由别人改变才能解决啊！就像鹏浩的母亲和妻子，如果两人不停止吵架，矛盾还是存在，根本得不到解决。

其实，任何事情都会涉及三个区域，分别是可控区、影响区和不可控区。我们要做的是在可控区努力，从而改变影响区。这样，影响区的一些地方就可能变成可控区；或者说在影响区，很多事情可以朝着好的方向发展。按照这样的方式去做，不可控区也可能有越来越大的部分变成影响区，甚至变成可控区。事情在这样的改变和发展中，就会有更大的可能变好。

鹏浩对母亲和妻子说目前家里的核心问题是经济状

况，也表示自己需要更努力地工作，反而获得了两人的理解和支持。在这个过程中，鹏浩的沟通就是自己的可控区，而母亲和妻子本来是影响区，但是因为受到他的行为影响而有了转变，并且朝着好的方向发展，最终才解决了问题。

当然，大家可能也会说，有些人就是无法被影响，也不会改变，那应该怎么办呢？我的答案是尽力做好自己，其他的交给时间。我们做了所有能做的努力，至少不会留有遗憾。毕竟人生不可能凡事皆如所愿，也不用要求凡事都有好的结果。不过，我们还是可以通过学习找到更多解决问题的方式。接下来，我们就进入下一个部分。

（2）不要头痛医头、脚痛医脚，而要看到问题的本质

第一性原理因为埃隆·马斯克而被大家广泛熟知。所

谓第一性原理，简单地说就是从本质上理解并解决问题。我们看待事情时一定不要只看到表面，头痛医头、脚痛医脚，一个问题的出现一定掩盖着另外更本质的问题。

我是一个教育行业的从业者，曾经花 4 年多的时间追踪采访了上百位清华、北大的"学霸"，然后创作出版了《极简学习法》。这本书的销量很好，也让很多家长找到我咨询孩子的学习问题。其实，家长问我的很多问题都可以归结为一个问题，就是孩子不爱学习怎么办，只是提问的角度不一样而已。例如，孩子写作业很拖拉怎么办、喜欢打游戏怎么办、整天抱着手机不撒手怎么办，等等。

对于这些问题，我给家长们的答案都是一样的，就是让孩子快速看到自己成绩的进步，感受付出就有收获的成就感，这样才会让孩子意识到学习的重要性，并且愿意学习；而不是让家长们给自己的孩子讲大道理。

我之所以建议家长这样处理，是因为想让孩子从思想上改变很难，孩子没有真实的感知，实际上起不到什么作用。我们必须让孩子感受实实在在的进步，而且是很轻松就能实现的进步。没有孩子不希望提高自己的成绩，很多时候都是因为找不到方法或付出了却没有进步，所以才慢慢放弃了学习。

家长们找到我咨询时，我通常会问孩子最弱的科目是什么。我会给出对应科目如何快速提分的简单方法，因为我已经对此有过总结，并且得到过验证。这些都是每个科目提分性价比最高的方法，孩子只要去做，很快就能看到成绩的提高。

以英语为例。成绩不好的学生，背单词的提分效果最明显。但是，我给的背单词的方法非常简单，并且易于上手。例如，让孩子翻开教材后面的单词表，盖住中文翻译，一个一个地认；遇到不知道的单词就标出来，然后专门记这些单词。有些孩子在很短的时间里就能搞定一学期的单词量。之后考试时，孩子的成绩基本会提高。

为什么我会这样设计呢？因为在英语考试中，需要写单词的题其实很少。即使是作文，真正要写的单词也比较简单。而其他题目只需要认识单词就能答出来，未必一定要写。孩子只需要记住单词，英语成绩就马上提高了，他自然会愿意学习，也会慢慢爱上学习。我并没有直接解决孩子爱玩游戏或爱玩手机等表面问题，而是让孩子通过小小的努力就能在学习中获得成就感，借此培养孩子的学习兴趣。

我解决的是不爱学习这个问题的根源——培养孩子在学习中的成就感。我始终相信，任何一个孩子都希望自己的成绩变好、能考高分，不学习、不努力只是因为没有方法和信心，或者努力后没见到效果，慢慢就变得不爱学习了。所以，我帮助孩子建立学习的成就感，让孩子看到成绩提高后的效果，而且是用非常轻松、投入产出比非常高的方法，以此解决孩子不爱学习的问题。

那么，为什么对于很多孩子不爱学习的问题，我会采用这样的解决方法呢？其实，这里涉及的是分析对策的第三个方法——第三方思维。其意思也很简单，就是旁观者清。

（3）学会抽离，用第三方思维找对策

鹏浩的领导一眼看出鹏浩母亲与妻子之间的矛盾根源并给出了建议，而鹏浩却没有发现，为什么会这样呢？

原因就是我们都很熟悉的那句"当局者迷，旁观者清"。人很容易陷入看待事情的一个误区，就是眼前的事情更大。人会觉得发生在眼前的事情是天大的事情，

需要马上处理才可以。我举一个简单的例子，大家应该都有过，就是只要手机铃声响，不管手头在做的事情有多重要，十有八九，你会放下手里的事情先接电话。那个电话真的那么重要吗？不一定。然而，你的注意力就是被手机的铃声带走了，"顺理成章"地放下了手里正在做的事情。

其实，不管是"眼前的事情更大"，还是"当局者迷"，都不利于对事情有合理的看待和分析。"眼前的事情更大"会让你对事情的重要性判断失误，而"当局者迷"会让你看不清事情的全貌，无法做出客观的分析。

所以，我们在分析问题并寻找对策时，一定要避免出现这些情况。这也引出了我要讲到的方法：让自己成为旁观者，以第三方的视角分析问题。遇到棘手的事情时，我们一定要抽离地看待，这样才能找到更好的解决方法。也许你觉得这很难做到，没关系，你可以找一个真正的第三方帮助自己分析。就像鹏浩的领导一样，帮助鹏浩看清问题的本质，并且找到对策。

当然，这里还有一个找谁的问题。我认为有两种人非常适合。第一种是对你的事情比较了解的人，因为任何事情都存在背景和细节，了解你的人更容易帮助你做出合理的分析。鹏浩的领导之所以能帮助鹏浩，也是因为对鹏浩比较了解。第二种是专业的人，正所谓专业的问题要由专业的人解决，就像生病要看医生一样。这一点很好理解，就不再赘述了。

不过，在其他人帮助你分析对策后，其实很多人并不愿意行动，总觉得对策不够完美。是的，对策不可能完美，因为这个世界本身就不完美，人也不会完美。请大家一定要避免这样的行事方式，因为这非常不利于解决问题。至于如何避免，我会在下一个部分和大家一起讨论。

拿到结果：方案一定不完美，用行动杀死内耗

鹏浩的领导给鹏浩的解决方案，大家觉得完美吗？

不是的。鹏浩决定"放任"，要把精力都放在工作上。如果鹏浩的母亲和妻子听到他做出这个决定，但不给予理解，鹏浩的家庭矛盾还会解决吗？未必，这个解决方案不一定有效。当然，任何做法都无法保证百分百有效，完美本身并不存在。当我们遇到事情需要处理时，任何方案都包含取舍和权衡。如果我们寄希望于完美的方案，结果只会换来失望，并且事情始终没有得到

解决。

（1）追求完美方案，就是隐形拖延

　　我有一个朋友，他非常优秀，曾经在一家属于世界500 强的公司工作，经手的每个项目都非常成功，每年都能拿到最佳员工奖，也拿过几次总裁奖。后来，他辞职创业，做的还是原来领域的业务。听到他要创业，行业里很多人都找到他，认为他专业能力强，口碑也不错，准备和他一起干一番事业。不过，我的这个朋友创业并不顺利，做的几个项目，效果都很一般。

　　他没想明白问题出在哪里，但有一种感觉，就是做项目时很别扭，想好的事情总是做不到。有一次，他经手的一个项目做得还是一般，他很苦恼，一个人待在办公室里唉声叹气。刚好，公司的一个项目经理找他汇报工作。这个项目经理没有在大公司干过，一直都在小公

司，但是执行经验还算丰富。两人开始沟通另一个项目的事情，说得越多，我的这个朋友就越生气。因为这个项目经理的想法就是赶紧推进，但是项目过程中的很多细节并没有多考虑。朋友不断想确认好细节，想把可能遇到的问题都考虑到位。而这个项目经理也越来越不耐烦，随后说了一句："你考虑这么多细节有什么用？这么下去，项目什么时候才能开始？"

对于项目经理的这句话，我的这个朋友感到很震惊，因为这句话冲击了他多年的从业经验。他在原来的公司工作时，每个项目都有严密的计划，每个细节在项目准备阶段都会考虑到，执行的过程中也会丝丝入扣地完成。虽然我的这个朋友震惊于项目经理的话，但是也很无奈。因为这个项目的确很着急，客户不能再等了，而自己现在的团队也无法再做充足的准备。他的心里很忐忑，但是没有其他办法，只能同意项目经理的想法，准备开始执行。

　　这个项目在执行过程中，因为没有充足的准备，确实出现了很多磕磕绊绊的情况。不过，这个项目经理像没事人一样，出现一个问题就解决一个，我的这位朋友偶尔也会出面帮助解决。虽然过程有些波折，但这个项目最终还是完成了。

　　项目收尾时，朋友本以为客户会说很多问题，但是客户只有称赞，没有指责。客户称赞他们很有行动力，虽然过程中也出现了问题，但都不是什么大问题，何况都已经得到妥善解决。最关键的是项目完成后的效果很好，甚至还超出了原有的预期。

　　经过这次项目，我的这位朋友仍然希望在项目开始前把所有问题都考虑到，但是也不再苛求每一个细节，不再强迫项目每个环节都达到完美的状态。结果，当他这样调整做事方式后，公司的项目做得越来越好，执行效率也越来越高。

　　这样的结果让我的这位朋友开始重新审视自己做事的方式和制定方案的思路。他是一个聪明人，意识到自己不能再照搬原来大公司的那一套。因为那是一家传统而成熟的公司，有一套完善的体系，并且在每个环节都配有专门的人手和资源，这是还在创业期的公司做不到的。何况那是一家属于世界 500 强的公司，需要的是稳定、不出错，然后把事情完成。而自己公司的人员和资源都不够，完全没法比，自然也不可能沿用原来的做事习惯。用更高效、更省钱、更省力的方法拿到结果，对现在才是最重要的。

　　从这位朋友的身上，我们可以得到启示：在遇到问题和寻找对策时，我们一定要避免追求完美的解决方案。从某种程度上说，追求完美也是一种拖延。暂且不说完美本身不存在，就说在追求完美的过程中需要注意每一个细节，这些细节自然会耗费很多时间和精力。往往就是在这种时候，我们会错过解决问题的最佳时机。

那么，我们是不是只要有方案就开始行动呢？也不是这样的。我们在分析对策时要注意解决核心问题，暂时把那些不重要的问题放下。因为投入产出比太低，所以要有解决问题的优先级。

（2）学会测试思维，让结果告诉你答案

还有一种情况，就是我们在解决问题时，因为问题本身太复杂或自身的能力有限，加上时间比较紧急，难以很快找到有把握的对策或方案。这时，我们需要用到测试思维。所谓测试思维，简单地说就是要懂得尝试，是骡子是马，拉出来遛遛，让结果告诉我们答案。我们根据现实的结果，就能选出来一个最佳方案。

举一个简单的例子。你惹女朋友生气了，吵了一架。现在，你想要赔礼道歉，哄她开心，但不知道应该讲个笑话，还是送个礼物，没法确定哪个有用。有一个

最简单的方法，就是你把自己能想到的所有方式都做一遍。根据女朋友的反应，你就知道哪种方式最有效了。如果以后又不小心惹对方生气，你就知道自己应该怎么做了。

测试思维是一种很好的解决问题的思路，可以用在很多情况下。我们需要注意的是测试过程中一定要有度，不能一下就把事情测试到底，这样就没有再次测试的机会了。例如，广告优化师每次测试时都是投入有限的广告费用，而不是直接都投进去。经过不断地测试，不断地复盘，找到性价比最高的方式后，再开始大规模投放。

所以，我们在应用测试思维时要有两个步骤，第一步是经过多重测试后找到最佳对策，第二步是按照找到的对策开始非测试的真正行动。

　　看完这部分内容，我们就了解了 4A 法则中的"分析对策"这一步。在遇到事情时，我们有了很好的解决方案，接下来要做的就是执行，最终拿到结果。在下一章，我们会了解到如何达成行动。

第 6 章

达成行动

——真正的达成，
是主动掌控不确定的人生

真正的达成，
是主动掌控不确定的人生。

　　人生充满了不确定性，经常会遇到很多意想不到的事情。即使做好计划，执行时也会出现各种各样的问题。那么，我们如何摆脱这样的状况呢？

　　答案不是你希望的那样。我们无法改变已经发生的状况，只能转换思维，让自己拥有主动掌控不确定人生的能力。有了这种能力，我们才可以轻松应对以后出现的问题。

　　小英（化名）是一个"85后"女生，出生在贵州一个偏僻的地方，祖祖辈辈都是农民，家里还有一个比她小几岁的弟弟。小英高中毕业时，弟弟刚上高中。家里的条件供不起两个孩子上学。而且，她成绩一般，对学习也没有那么大的兴趣。于是，她和身边的同龄女孩一起去深圳的一家工厂，做了一名流水线女工。

　　小英刚到深圳时，一下就被城市的繁华震撼到了。

高楼大厦，车水马龙，和家乡完全不一样。她在工厂里也看到很多同龄女孩在办公室里工作，吹着空调，到点就下班。而自己工作的车间很热，虽然有几个大电风扇呼呼地吹，但是在夏天闷热时几乎没什么用。每当晚上加班后回到宿舍，疲惫的她躺在床上就想：自己什么时候也可以在办公室工作，不用再在流水线上了呢？

之后，小英开始打听，希望认识一个在办公室工作的人，她想知道怎样才能在办公室工作。不过，在打听的过程中，车间的其他人也知道了小英的想法，大家开始笑话她，让她不要痴心妄想。她们对小英说，在办公室工作的都是大学生，高中毕业出来工作的只有做女工的命。小英没有理会别人的言语，后来还是认识了一个在办公室工作的女孩小倩（化名）。

小倩和小英来自同一个地方，是老乡。小倩这个人性格很好，她告诉小英，自己也是高中毕业后准备直接进厂打工，但家里有一位打过工的叔叔了解外面的情况，他让自己学点技能，出来就不用去流水线工作了。小倩去一个短期的培训技校，学了半年多的平面设计。正是凭借设计的能力，她才找到了现在的工作。刚开始，小倩也担心自己干不好，毕竟自己只学了半年，谈不上精通，如果真要设计些什么，肯定做不好。等到做了这份工作后，她发现要做的工作并没有那么难，厂里需要的产品说明书、外包装、宣传海报之类的，以前都做过，需要做的事情是修改和调整，而不是重新设计。

在和小倩的交往中，小英了解到，小倩的工作比想象的还要轻松，而且工资是她的 2 倍。不止这样，小倩的男朋友是隔壁厂的一个技术人员，管着上百个流水线上的工人；而小英身边女工的男朋友也大多是工人，有些是管几个工人的小组长。这么一比，小英发现自己和小倩真是天上与地下的差别。于是，小英决定开始行动。她利用休息时间开始找新工作，目标非常明确——要找一份在打印店的工作。因为她通过小倩了解到，有时候工厂忙不过来，打印店也会帮工厂做电脑平面设计；有些工厂没有自己的设计部门，甚至会直接把设计的工作交给打印店。

很快，小英就找到了一份在打印店的工作。小英的条件很简单：管吃，管住，前3个月不要工资；她只有一个要求，就是老板要教她做电脑平面设计。就这样，小英辞掉了厂里的工作，开始在打印店工作。小英的主要工作是接待来打印店的顾客，同时帮人把打印好的东西送过去。虽然工作简单，但是店里的生意很好，小英每天都忙得晕头转向的。尽管如此，她仍然非常珍惜这来之不易的机会。只要一有时间，她就让老板教自己做电脑平面设计。有时候，老板做的设计工作很多，她就站在老板身后，看老板在电脑上是怎么操作的，屏幕上有什么变化。看得多了，小英发现这也是一个很好的学习方法，都不用老板再特意教，自己就慢慢熟悉了。

小英学得很快，没过多久就能上手做一些简单的操作。老板看小英好学又勤快，开始花更多时间教她，希望她可以尽快独当一面，店里也能接到更多业务。3个月后，小英已经可以设计一些不太复杂的东西了，如海报、宣传单页、产品说明书等。

老板给小英涨了工资，比做女工时多了将近2倍。小英很高兴，干起活也越来越用心。就这样，她一边学习，一边实践，设计水平也越来越高。在打印店工作快2年时，小英已经完全摸清了这份工作的每个环节，可以独当一面了。

当时，打印店的生意仍然很好，老板想再开一家新店，就让小英去经营。他对小英说，开店的成本全部由自己承担，不给小英开工资，刨除成本后赚的钱，两人五五分账。小英做梦都没想到，自己就这样当了半个老板。

打印店很快就开了起来，生意也很不错。因为附近的工厂越开越多，需求自然也越来越大。小英很努力，每天都在起早贪黑地干。也正是这种努力，她在几年内积累了自己的第一桶金。不过再往后，打印店的生意就不行了。小英发现，开网店的人多了，没有那么多人再来店里做海报之类的。小英和老板商量，就把打印店关了。即便如此，这几年也赚到了一些钱，关张也谈不上太多的遗憾。

小英很清楚自己以后要做什么，她租房开了一家小公司，专门给人做宣传设计，除了海报、宣传单页，也有网店的设计。小英赶上了电商时代，公司在不到2

年的时间里就从自己一个人发展到了 20 多个人的规模，
年营业收入也达到了几百万元。公司从居民楼搬到了
写字楼，服务的客户不仅数量越来越多，规模也越来
越大。

随着公司规模的扩大，成本也越来越高。与此同
时，行业竞争也越来越激烈，利润变得越来越薄。小
英感到了越来越大的经营压力，只能更拼命地工作，
为了公司能生存下去，什么设计的活都接，只是仍然
没有太高的利润。终于，小英累垮了，直接住进了
医院。

几个同样是做企业的朋友来看她，其中一个年龄
稍大一点，生意做得很成功，但是并没有特别忙，每
年还能抽空旅游几次。小英好奇地问她，为什么她做
企业做得那么轻松，而自己这么努力却做不好。这个
朋友说做企业不能太拼命，关键的时候拼一段时间是

可以的，但是不能一直拼，人累倒了，情况也只会越来越糟。当时，小英接着问自己应该怎么做。朋友建议她做业务不要贪多，什么都做，什么钱都赚，这样看似能赚更多钱，实际上却很低效；可以选择专门做一个业务，尽量做到标准化、流程化，提高效率的同时，也可以留出利润的空间。

小英认为朋友说得很有道理。原来做打印店时虽然是小店，但业务很纯粹，只是给人设计东西兼打印，很赚钱。而自己开公司后，什么设计的活都接，摊子铺得很大，但没有赚到什么钱。

这个朋友让小英认真想一下自己公司最擅长哪方面的业务和哪一块的利润最高，就专注在这一块，放弃其他不赚钱的业务。小英仔细分析后发现，虽然网店设计的整体业务是下降的，但找她公司做详情页的人特别多，很多还是回头客。公司在这一块的业务做得不错，还有几个很厉害的文案高手，加上自己在打印店工作很久，对海报、宣传单页的文案很敏感，详情页做得很有销售思维。

小英想明白这些，身体恢复后就砍掉了公司的其他业务，只做详情页设计这一个业务。她重新调整人员架构，只留下了不到10个员工。同时，她也带着团队把这部分工作做了专门的流程设计，尽量做到标准化。

这样做的效果很明显。几个月后，公司的业绩不仅没有下滑，还有了一定的提高。利润得到保证后，小英顿时觉得轻松了很多。公司每天做的事比以前更有标准，效率变高的同时，需要做的事也比原来更少了。

后来，小英又发现自媒体即将崛起。看到很多自媒体博主在讲设计，小英也开始试着录视频，分享自己的设计经验，还有一些自己创业的经历和故事。由于小英分享的都是很实用、很有价值的内容，这让很多人开始关注她。有粉丝问过她，说她这么有设计经验，可以做成课程让大家一起学习。小英觉得这个想法很好，何况自己在学设计、创业时也买过别人的课来学习。就这样，她在粉丝的推动下开发了关于设计的视频课程。因为以前有很多粉丝的积累，课程上线后的销量也很可观。更重要的一点是通过自媒体，很多人也知道了小英有一家设计公司，很多公司通过小英的账号找她做设计。因此，公司的业务量也有所增长，只是她仍然坚持只接详情页的设计工作。

　　故事讲到这里，你可能觉得小英的公司在以后的发展肯定会越来越好，事实却并非如此。直播时代到来后，大家通过直播可以更全面地了解商品，详情页不再像原来那样重要了。再往后，人工智能时代也开始了，很多设计工作直接靠人工智能就可以搞定，设计行业的发展更加艰难。

　　对于小英来说，这算是双重危机。不过，她这一次没有焦虑，也没有像原来一样四处出击。她很平静，因为她有了应对危机的底气，无论是物质上，还是精神上。现在，她仍然深耕在设计这个领域。因为这个行业会受到科技进步的冲击，但是不会消亡，需求依然存在。同时，她在等待新的时机，择机出手。

改变思维：别害怕，
把世界当成一个巨大的草台班子

如果你希望掌控充满不确定性的人生，首先需要消灭的就是恐惧。不能让恐惧阻碍你行动的脚步，更不能在一切还没开始时就把自己吓回去，留在原地打转。这个世界没有那么可怕，也没有大家想象的那么高深。你可以把它就当成一个巨大的草台班子，用这样的态度降低自己的恐惧。我们结合小英的经历，一起往下看。

（1）别在还没开始时就告诉自己不可能

小英还在流水线工作时，她希望成为坐在办公室工

别在还没开始时
就告诉自己不可能。

作的人。其他同样在流水线工作的女工说她是痴心妄想，因为在办公室工作的人都是大学生。如果小英信了她们的话，认为这件事完全不可能，就不会四处打听，也不会认识小倩，更不会知道小倩和自己一样只是高中毕业，学了几个月的平面设计而已。而且，小倩也承认自己谈不上有什么设计水平，只是会用设计软件做一些简单的操作罢了。

　　大家注意到没有，在小英当时所见的世界里，其他人并没有那么厉害，也没有那么专业，很多东西甚至可以说就是在凑合着用，只要能保持正常的运转就行。而以后小英在打印店边工作边学习，顺理成章地开始做设计了。再往后，小英因为在打印店干了几年，就独当一面地经营了一家打印店，而且干得风生水起。你说是只有非常专业的人才能开打印店吗？肯定不是。以后，小英开公司、做自媒体，哪一步也不是等自己变成专业人士才开始的。别说是专业人士，当时的小英连草台班子都搭不起来，但是认准后就义无反顾地开始了。

所以，大家要先选择相信一点，就是这个世界没有那么多难如登天的事情，很多事情只是看上去很难。何况，再难完成的事情总是有人能搞定的。我们不是一定要弄出惊世骇俗的研究成果，也不是每个人都需要造飞机、造火箭。我只是想说，每个人面临的事情，其实真的没有那么难。大家都是人，凭什么别人能做到，自己却做不到呢？是因为自己比别人差、比别人笨吗？

当然不是！在我接触过的所谓成功人士中，他们的成就其实就在于比别人更懂得快速行动，别人还没有开始，而他们却已经处在行动中的状态。话又说回来，为什么有些人一直没有开始呢？因为他们将自己要面对的事情定性为困难，觉得困难，自然就觉得做不到，相当于直接认输了。

世上无难事，只怕有心人。你觉得考上清华或北大难吗？从概率上说，的确很难。在招生比例较低的省份，录取率大概是万分之三。而放到全国来说，每年参加高考的学生大概有 1000 万人，清华和北大一共会录取六七千人，也就是万分之六或万分之七的概率，仍然非常小。我追踪采访过上百位清华、北大的"学霸"，其中就有从年级排名 700 多，最后考上北大的学生。我也觉得不可思议，但她就是做到了。这个女孩也曾经被人嘲笑，但是她不信，最终凭借自己的努力考进了北大。

基于这个女孩的真实故事，我写了一本小说，名叫《高考逆袭日记》。如果你不自信，可以买来看看；如果你缺乏自信，也可以买来看看。开玩笑的。我想说的是很多事情，并不是没有可能。

我们中国人含蓄、内敛、谦逊。或许正是这样的底色，让我们不太鼓励张扬，更赞同人有多大的能力就做多大的事情。从某种程度上说，这种底色让很多人做事时会先怀疑自己，身边的人说的也多是困难，而不是鼓励的话。

我希望看到这里的朋友，从现在开始，不再害怕任何事情；只要是自己想做的事情、想实现的愿望，不管看起来有多难，也不管被人说它有多难，一定要勇敢地开始。还是那句话，努力不一定成功，但放弃一定失败。勇于开始，才有机会成功，请大家一定不要在没有开始时就先认输。

（2）你只管去做，行动者是这个世界的少数

小英从一个流水线上的女工一步步成为身家千万元的公司创始人和拥有很多粉丝的博主，我想她在刚从农村出来，甚至在打印店工作时，都没有想过自己的人生

你只管去做，行动者是
这个世界的少数。

会遇到这样的转变。我们从小英的身上可以看到，她其实是一个非常有行动力的人，有了想法后就马上付诸行动，而且一直都在主动地行动。

　　小英在还是女工时，想成为坐在办公室工作的人，她主动地行动了；在打印店当店员时碰到经营一家打印店的机会，她主动地行动了；后来成立设计公司时，她也主动地行动了；再往后做自媒体，她还是主动地行动了。你会发现，小英的每一步行动都带着自驱力，不是由别人推着她往前走的。即使公司经营过程中出现问题，她得到一个朋友的指点就开始转变公司的业务。如果她自己不想着改变，然后落实，她得到的指点也不会起到作用。

　　试想一下，如果小英不懂得主动行动，她可能和那些同龄女孩一样，在工厂的流水线上一直做女工，然后遇到一个人，结婚生子，把孩子放在老家，再继续打工。这样的生活不是小英想要的，所以她才会积极寻求改变。换到我们自己身上也一样，我们的人生需要向前、遇到的问题需要解决、事情需要从坏到好，这些都要有一个转变。这种转变通常不会自行发生，更多需要我们自己主动行动。

自驱力和行动力都是很重要的能力。这个世界上有太多人都在被动地过着每一天，并没有主动行动、开始一段新旅程的勇气，甚至很多人连这个意识都没有。请记得，那些改变人生的机会不会直接跑到你的面前，都是靠你自己争取来的。假如有一个机会出现，有人努力地争取，而你等着它来到自己身边，你觉得谁更有可能获得这个机会呢？

也许错过一次机会没什么，可要是一直都不主动争取，人生就会不断重复每一天的生活。那些主动争取的人，因为一次次的挫败而获得成长，也因为一次次的收获而不断向前。

现在很多年轻的朋友经常会感到焦虑，其中一个原因就是同辈压力，甚至是后辈压力。别人在不断狂奔，自己却在原地踏步，看着差距被拉得越来越大，你自然会感到焦虑。之所以说这些，不是鼓励大家"卷"起来，而是希望大家在工作和生活中可以更加主动地创造和把握机会，积极地寻求改变，让自己的人生拥有更多可能。

另外，我告诉大家一个好消息，不要因为自己一直没有行动就吓坏了，觉得自己人生就这样了。不是的，因为据我的观察，真正愿意主动行动和创造的人并没有那么多。也就是说，大多数人都不能算是会主动行动的人。所以，只要你开始行动，就已经超过很多人了。还有，只要你愿意翻开这本书，愿意看到这里，也已经意味着你开始行动，愿意改变自己的人生了。

科学行动：找到最省力的路径，轻松坚持而不磨损自己

我们做一件事，拿到结果，需要的是坚持。而坚持需要什么？很多人觉得是靠自律和意志，其实并非如此。真正的高手在坚持做一件事时，他们的方式都是找到一个省力的路径，让自己做起来不费劲，然后轻松地坚持下去，这样反而更容易到达成功的彼岸。

（1）不顺利是事情错了，不是你错了

当时，小英独立经营打印店，生意很好，大家觉得是因为小英很努力或能力很强吗？不是的！小英固然努

力，能力也越来越强，但真正的原因是小英的打印店附近开了越来越多的工厂，设计和打印的需求量特别大，所以生意才会很好。

也许有些人持反对意见，认为是小英的努力加上在打印店工作的经验才做得很好。如果真的是这样，为什么小英一直很努力，但是后来打印店开始入不敷出了呢？最大的原因就是电商平台的发展导致需求量不断下降。

有句老话叫"谋事在人，成事在天"，说的就是我们有时做成一件事，更多靠的是"天"，也就是时机，未必是所有的努力。不信的话，你可以多了解一些为人熟知的成功人士。很多人在讲述自己的成功时都会将原因归结为运气，而事实也正是如此。一个人真正做成某件事，太多的时候都不是因为这个人的努力或能力够强，而是刚好站在了某一个风口，顺势而为，获得了成功。

在这里，我和大家分享一个很有意思的例子。美国冰球队里有一个有趣的现象，很多优秀的冰球运动员都是出生在某一年的下半年，而这一点在更高级别的州级比赛中也有相似的体现。为什么会出现这种情况呢？是因为这样的人更加健康、强壮吗？肯定不是，这种解释是不科学的。

后来，从事相关研究的人员发现，冰球运动员的选拔每年只有一次，并且只在2月。这就意味着适龄孩子中，很多都是下半年出生的。可不要小看这几个月，对于几岁的孩子来说，这几个月带来的身体优势非常明显，在选拔或比赛中就会表现更出众，更容易击败对手，也更有可能在以后的各级比赛中成为佼佼者。

我曾经看过OpenAI创始人、"ChatGPT之父"萨姆·奥尔特曼的一个采访。他在采访中说，如果自己在某一段时间里做事情不顺，不是因为自己不努力，而是因为这件事本身不对。

　　是的。大家要明白这一点，凡是有所成就的人或做成一些事情的人，他们除了必要的努力之外，还恰好在对的时间做了对的事情。所以，如果你觉得自己正在面对的事情进展不顺利，那未必是你的错，很可能事情本身是错的；如果你觉得很顺利，也不一定是你比别人更厉害，可能是别人做对了事情。

　　很多人都听过那句"选择比努力更重要"，说的也是这个道理。做对的事情，永远比努力更重要。

（2）在自己的舒适区里，才能真正坚持

　　很多人都认为自律很重要，优秀的人都是因为自律

才优秀，不优秀的人是因为不自律，事实上并非如此。因为任何人都可以是自律的，同时也可以是不自律的。因为一个人的自律力就像一个仓库，能容纳的东西是有限的。如果你在 A 事情上用了更多的自律力，在 B 事情上能用到的就会变少，而在 C 事情上可能就完全没有了。

　　这么说可能会让大家觉得很抽象，我举个例子解释，大家就明白了。如果你在某段时间特别忙，工作消耗了很多精力和自律力，每天回到家只想躺在床上好好休息，看到美食就想大吃一顿。如果这时要求你控制饮食、坚持运动，肯定是做不到的，因为你已经完全没有了能量，在每天都很疲惫的情况下让你保持自律是不现实的。反过来，如果你在某段时间没有什么事情，让你专门减肥或锻炼，就可以把全部精力和自律力都用在适当运动和调整饮食上，这样做大概率会成功。大家可以回想自己是越忙的时候越容易长胖，还是越闲的时候？

想完后，大家就明白了。

　　所以，大家无论是为了实现什么愿望而行动，坚持把一件事做下去，拿到结果，靠的不一定是自律，更多要靠那种省力的坚持，这样才会有一种自然而然的感觉，慢慢地进行下去。如果做事过于依靠自律，很多时候都会在坚持一段时间后就放弃。不是因为你不够自律，而是因为透支了自律力。

　　我一直认为，人只有在舒服的状态下才能长期保持某一种高质量的行为，也可以说成是动作不变形地坚持做一件事。换句话说，大家要坚持做一件事，就需要找到一条让自己非常省力的路径，不费劲地做下去。这个世界上没有一条可以形容为笔直的河流，都是弯弯曲曲的，因为河水是顺着最小的阻力在流动，自然地流淌。

我们再来看小英的经历。当她的公司遇到困难时，她很努力地解决，结果自己累倒了也没有解决。最后，她在朋友的建议下重新整合公司的业务，找到了一条最省力的道路，反而获得比以前更好的发展，也让她比较轻松地坚持了下来。

所以，如果我们要在自己想走的道路上坚持，就要找到对自己来说最省力的路径。只有在自己感觉最舒适的状态下，我们才能真正轻松地坚持到成功的那一刻。太难的坚持并不容易成功。因为难，所以无法坚持很久。

人生是一场马拉松，用力过猛，持续不了太久，很快就会累倒。那些头脑清醒、可以拿到成果的人，他们都是找到了最舒服的状态，毫不费力地做下去，反而比其他人更快到达终点。

拿到结果：不确定的人生，一样可以主动掌控

我们现在面对的是一个充满不确定性的时代，时刻都在发生变化。从人生的角度来说，我们要怎样做才能应对这种不确定性呢？

这种问题很难有标准的答案，但是如果我们可以做到以下两点，就能在相当程度上掌握人生的主动权。

（1）筑起底线：攒够 24 个月的生活费

俗话说：兜里有钱，心里不慌。没错，掌握人生的

主动权，一定要有足够的经济基础。不是所有人都可以实现财富自由，但是每个人都可以进入财富松弛的状态。有一位经济学家表达过一个观点，我非常认可。他说当一个人存够自己或一家人两年不降低生活品质的生活费时，他的人生就是自由的。也就是说，只要你有应付两年生活的钱，无论遇到什么变故，都还有两年的时间可以处理，找到新的出路。

为什么是两年呢？其实道理很简单，因为两年基本就可以让人重新开拓自己的版图。所以，前文的故事中，小英在遇到直播和人工智能崛起、公司业绩无法提高的双重危机时，她并没有感到心慌。因为有积蓄，还有通过努力得来的房产，她完全能做到即使两年甚至更长时间没有收入也可以生活；她有足够的时间找到新的出路。

当然，虽然我在这里和大家说的是两年，但这个时间不是绝对的，重要的是给自己留足够的区间以便应对。如果你的积蓄可以维持超过两年的生活开销，当然更好，因为这意味着你将有更多的时间重新开始。

（2）保守＋进攻：长期主义与新的可能

有了两年的积蓄作为基础，我们又该如何经营自己的人生呢？这里需要讲到的是"保守＋进攻"战略。

这里所说的保守，是指我们要守住自己一直经营的部分，这是人生的基础。就像前文提到的小英虽然遇到设计行业的变化，但是设计本身仍然具有市场需求，业绩的下滑并不代表行业会消失。这是她的人生基础，或者说是人生底盘，她必须稳住。那么，我们应该怎样做呢？

答案就是长期主义。一直深耕，不断积累，让自己逐渐变得强大，我们自然可以守好自己的人生底盘。此外，我们还要拓展新的可能。

在当下飞速发展的时代，各行各业的变化都很快。就拿小英所在的设计行业来说，随着直播和人工智能的兴起，业务量很快就减少了。于是，小英开始整合公司的业务，集中在最具优势的设计上。这样，她有了更多的时间，然后进入了自媒体领域。

其实，这就是她除了经营设计公司之外能够进攻的部分。即使公司的业务下滑，但是她的自媒体已经有了起色，可以更侧重这个方面，说不定还会发展得很好。如果自媒体的收入超过了经营公司所得，那么自媒体就成了她的核心业务，也顺理成章地成了要守住的保守部分。然后，她又会拓展其他可能。

我们有句老话：不要把鸡蛋放在一个篮子里。这句话实际上就体现了风险意识，告诉我们要懂得分散风险，避免出现满盘皆输的情况。当然，进攻一定是在稳住保守的基础上才进行的，我们要先保证自己的底盘不出任何问题。只有进攻可以代替保守、成为我们的核心业务时，我们才能调整重心。人生因此而稳定，我们也可以在充满不确定性的环境中掌握主动权。

不要把鸡蛋
放在一个篮子里。

结果篇

第 7 章

收获你的好运人生

　　欢迎来到"凡事发生皆有利于我"的世界！在这个世界里，你将收获自己的好运人生。

凡事发生皆有利于我

你不再焦虑内耗，而是平和面对一切

在这个世界里，你不会再感到焦虑，而是平和地面对一切。遇到不好的事情，你会先接受事实，然后调整自己的情绪，冷静、客观地思考对策并开始行动，最终让不好的事情一点点变好。

当然，你也不会再内耗。因为你很清楚，内耗除了消耗自己的能量，起不到任何作用。你知道这个世界上不会有完美的方案，只要能解决根本问题，就应该把细枝末节放在一边。快速行动，这是一切的关键。只有行动起来，事情才会开始改变。而当你开始行动时，问题就在慢慢得到解决，目标也在一步步达成。

　　然后，你能做到平和地面对人生中发生的一切事情，即使是不好的事情。你不会为之感到烦躁，因为你懂得，所有的成果都要经历曲折的过程，这个世界上不存在绝对的一帆风顺。

　　纵使道路曲折，但你相信前路必定光明。你怀揣着对未来的美好期待，一点一点地解决问题，一步一步地到达理想的彼岸。

你不再被动接受，而是主动掌控人生

以前的你经常会产生受害者心态，尤其是在遇到一连串坏事时。你会忍不住想自己为什么这么倒霉，为什么自己的命这么不好。而现在，你不会再被动地接受发生的一切，并且明白要靠自己开创人生，也只有这样才能真正掌控自己的人生。当你拥有了这样的心态，你也会开始这样做。这个世界上，愿意主动出击的人真的很少，一旦你这样做，就已经超过了大多数人。

不只是这样，这个世界同样没有那么多极其专业的人和事，更多的时候是自己吓到了自己。在没有开始时，自己先把自己劝退了。你可以把这个世界当成一个巨大的草台班子，这样你就不会再惧怕一切。你会相信世上无难事，只要努力行动，最终就会实现自己的心中所想。

相信"相信的力量"，然后付诸行动，最后掌控自己的人生。

你不再麻烦不断，而是有好运陪伴

在这个世界上，你将会养成好运体质，经常让好运在自己身边。因为你明白事情本身没有那么重要，真正重要的是如何看待这件事，以及对它有何反应。这是完全由你控制的，你的反应当然会倾向于对自己有利的方面。对你来说，以后所有发生的事情自然都是好事。

以前的你可能也有这样的认知，只是你不知道如何在事情中看到好的一面，并且让事情变好。现在，你看完这本书，知道了 4A 法则，也有了改变的能力，不光能想到，也能做到。

你不再麻烦不断，
而是有好运陪伴。

朋友们，想法有了，能力也有了，接下来就是行动。加油！行动起来，祝你们拥有"凡事发生皆有利于我"的人生！